浙江农作物种质资源

丛书主编　林福呈　戚行江　施俊生

水稻与油料作物卷

王建军　施俊生　俞法明　林宝刚　等　著

科学出版社

北　京

内 容 简 介

　　本书收录了浙江省"第三次全国农作物种质资源普查与收集行动"采集的 100 份水稻、10 份油菜、13 份花生、38 份芝麻和 4 份蓖麻等农作物种质资源，介绍了每份资源的名称、学名、采集地、主要特征特性、优异特性与利用价值、濒危状况及保护措施建议，并配以典型性状图片。

　　本书主要面向从事水稻、油菜、花生、芝麻及蓖麻等种质资源保护、研究和利用的科技工作者、高等院校师生、农业种子管理部门工作者，以及粮油作物种植与加工人员等，旨在提供浙江省水稻、油料作物种质资源的信息与资料，对水稻、油料作物种质资源的保护、精准鉴定与利用有重要意义。

图书在版编目（CIP）数据

浙江农作物种质资源. 水稻与油料作物卷 / 王建军等著. —北京：科学出版社，2023.3

ISBN 978-7-03-074819-5

Ⅰ. ①浙… Ⅱ. ①王… Ⅲ. ①作物－种质资源－浙江 ②水稻－种质资源－浙江 ③油料作物－种质资源－浙江 Ⅳ. ①S329.255 ②S511.024 ③S565.024

中国国家版本馆 CIP 数据核字（2023）第 023314 号

责任编辑：陈　新　李　迪　尚　册 / 责任校对：郑金红
责任印制：肖　兴 / 封面设计：无极书装

斜　学　出　版　社 出版

北京东黄城根北街16号
邮政编码：100717
http://www.sciencep.com

北京九天鸿程印刷有限责任公司 印刷
科学出版社发行　各地新华书店经销

*

2023 年 3 月第　一　版　　开本：787×1092　1/16
2023 年 3 月第一次印刷　　印张：12 1/4
字数：291 000

定价：248.00 元
（如有印装质量问题，我社负责调换）

《浙江农作物种质资源·水稻与油料作物卷》

著者名单

主要著者

王建军　施俊生　俞法明　林宝刚

其他著者

（以姓名汉语拼音为序）

常志远　陈合云　崔永涛　华水金　李春寿
李付振　刘合芹　苗立祥　邱丁莲　沈文英
宋　建　王春猜　王宏航　王林友　徐晓征
游兆彤　余华胜　张　胜　张小利　周旺喜

"浙江农作物种质资源"

❧ 丛 书 序 ❧

　　农作物种质资源是农业科技原始创新、现代种业发展的物质基础，是保障粮食安全、建设生态文明、支撑农业可持续发展的战略性资源。近年来，随着城镇建设速度加快，自然环境、种植业结构和土地经营方式等的变化，大量地方品种快速消失，作物野生近缘植物资源急剧减少。因此，农业部（现农业农村部）于2015年启动了"第三次全国农作物种质资源普查与收集行动"，以查清我国农作物种质资源本底，并开展种质资源的抢救性收集工作。

　　浙江省为2017年第三批启动"第三次全国农作物种质资源普查与收集行动"的省份之一，完成了63个县（市、区）农作物种质资源的全面普查、20个县（市、区）农作物种质资源的系统调查和抢救性收集，查清了浙江省农作物种质资源的基本情况，收集到各类种质资源3200余份，开展了系统的鉴定评价，筛选出一批优异的农作物种质资源，进一步丰富了我国农作物种质资源的战略储备。

　　在此基础上，浙江省农业科学院系统梳理和总结了浙江省农作物种质资源调查与鉴定评价成果，组织相关科技人员编撰了"浙江农作物种质资源"丛书。该丛书是浙江省"第三次全国农作物种质资源普查与收集行动"的重要成果，其编撰出版对于更好地保护与利用浙江省的农作物种质资源具有重要意义。

　　值此丛书脱稿之际，作此序，表示祝贺，并希望浙江省进一步加强农作物种质资源保护，深入开展种质资源鉴定评价工作，挖掘优异种质、优异基因，进一步推动种质资源共享共用，为浙江省现代种业发展和乡村振兴做出更大贡献。

刘旭

中国工程院院士　刘旭

2022年2月

"浙江农作物种质资源"

❧ 丛书前言 ❧

浙江省地处亚热带季风气候带，四季分明，雨量丰沛，地貌形态多样，孕育了丰富的农作物种质资源。浙江省历来重视种质资源的收集保存，先后于1958年、2004年组织开展了全省农作物种质资源调查征集工作，建成了一批具有浙江省地方特色的种质资源保护基地，一批名优地方品种被列为省级重点种质资源保护对象。

2015年，农业部（现农业农村部）启动了"第三次全国农作物种质资源普查与收集行动"。根据总体部署，浙江省于2017年启动了"第三次全国农作物种质资源普查与收集行动"，旨在查清浙江省农作物种质资源本底，抢救性收集珍稀、濒危作物野生种质资源和地方特色品种，以保护浙江省农作物种质资源的多样性，维护农业可持续发展的生态环境。

经过4年多的不懈努力，在浙江省农业厅（现浙江省农业农村厅）和浙江省农业科学院的共同努力下，调查收集和征集到各类种质资源3222份，其中粮食作物1120份、经济作物247份、蔬菜作物1327份、果树作物522份、牧草绿肥作物6份。通过系统的鉴定评价，筛选出一批优异种质资源，其中武义小佛豆、庆元白杨梅、东阳红粟、舟山海萝卜等4份地方特色种质资源先后入选农业农村部评选的2018~2021年"十大优异农作物种质资源"。

为全面总结浙江省"第三次全国农作物种质资源普查与收集行动"成果，浙江省农业科学院组织相关科技人员编撰"浙江农作物种质资源"丛书。本丛书分6卷，共收录了2030份农作物种质资源，其中水稻和油料作物165份、旱粮作物279份、豆类作物319份、大宗蔬菜559份、特色蔬菜187份、果树521份。丛书描述了每份种质资源的名称、学名、采集地、主要特征特性、优异特性与利用价值、濒危状况及保护措施建议等，多数种质资源在抗病性、抗逆性、品质等方面有较大优势，或富含功能因子、观赏价值等，对基础研究具有较高的科学价值，必将在种业发展、乡村振兴等方面发挥巨大作用。

本套丛书集科学性、系统性、实用性、资料性于一体，内容丰富，图文并茂，既可作为农作物种质资源领域的科技专著，又可供从事作物育种和遗传资源研究人员、大专院校师生、农业技术推广人员、种植户等参考。

由于浙江省农作物种质资源的多样性和复杂性，资料难以收全，尽管在编撰和统稿过程中注意了数据的补充、核实和编撰体例的一致性，但限于著者水平，书中不足之处在所难免，敬请广大读者不吝指正。

浙江省农业科学院院长　林福呈

2022年2月

目　录

第 一 章

绪 论

第一节 水稻与油料作物资源的概况

水稻是浙江省的主要粮食作物。"十三五"期间浙江省水稻常年播种面积约950万亩（1亩≈666.7m²，后文同），每年提供约470万t稻谷。水稻在浙江省栽培历史悠久，根据余姚市河姆渡遗址、桐乡市罗家角遗址出土的炭化稻谷的考证，浙江省水稻栽培距今已有7000多年的历史，且因精耕细作、品质优良而闻名全国。浙江省进行了三次规模较大的地方品种调查和征集活动，分别是1958年、1978年和2017年的三次全省性农作物品种资源调查和征集工作。其中，第二次地方品种调查和征集活动收集了3000多份水稻地方资源。1993年应存山主编的《中国稻种资源》第28章"浙江稻种资源"指出，在中国水稻研究所种质库内保存有3000份浙江省稻种资源，其中籼稻占23.2%、粳稻占76.8%。1993年张丽华和应存山主编的《浙江稻种资源图志》介绍了从1899份地方稻种资源中划分出具有优良特性的重要稻种资源289份、一般稻种资源1610份。

油菜是浙江省的主要油料作物。"十三五"期间浙江省常年播种面积约170万亩，每年提供约10万t菜籽油。根据品种起源和农艺特征，油菜分为甘蓝型油菜、白菜型油菜和芥菜型油菜。甘蓝型油菜原产于欧洲和日本，白菜型油菜是我国浙江省历史上传统栽培的土种油菜，芥菜型油菜原产于我国西部或西北部地区。1977年出版的《中国油菜品种资源目录》、1993年出版的《中国油菜品种资源目录（续编一）》、1997年出版的《中国油菜品种资源目录（续编二）》、2018年出版的《中国油菜品种资源目录（续编三）》和1988年出版的《中国油菜品种志》，共收录了1141份浙江省油菜种质资源。

花生是浙江省重要的经济作物之一，"十三五"期间浙江省常年播种面积约25万亩，主要用于鲜食和加工食品，其中农家品种小京生制作的炒货食品有较高的知名度。21世纪初，中国农业科学院组织全国有关单位收集引进花生种质资源7490份，其中由浙江省收集的花生种质资源累计261份，包括地方品种259份、野生资源2份。

芝麻是浙江省古老的油料作物之一，农户利用田埂、路边等零星种植，在丘陵缓坡地带有一定面积的规模种植，主要用于制作芝麻糖或糕点的辅料。历年来，浙江省芝麻种质资源收集工作资料不详。自1986年起，浙江省农业科学院牵头调查浙江省芝麻地方品种资源，搜集到杭州地区芝麻品种79份。20世纪90年代，浙江省征集和鉴定芝麻地方品种资源49份。1990年，浙江省农业科学院参与全国芝麻品种资源整理入库和鉴定，浙江省有40份芝麻品种资源繁种入库。

《浙江农作物种质资源·水稻与油料作物卷》共分为6章，其中第一章为绪论，第二章至第六章分别介绍了水稻种质资源、油菜种质资源、花生种质资源、芝麻种质资源和蓖麻种质资源。

第二节　本书收录的水稻与油料作物资源汇总

在"第三次全国农作物种质资源普查与收集行动"中，浙江省从63个全面普查县（市、区）与20个系统调查县（市、区）采集和抢救性收集水稻种质资源119份，油菜、花生、芝麻、蓖麻等油料作物种质资源103份，基本查清了浙江省两类农作物种质资源的基本情况，并开展系统的鉴定评价，筛选出一批优异的种质资源。

本书收录的水稻种质资源合计100份，分别采集于浙江省9个地级市：杭州市1份（淳安县1份），嘉兴市2份（嘉善县2份），金华市4份（武义县2份、浦江县1份、永康市1份），丽水市33份［莲都区1份、龙泉市11份、景宁畲族自治县（后文简称景宁县）7份、庆元县5份、云和县3份、遂昌县3份、青田县1份、松阳县2份］，宁波市8份（宁海县5份、奉化区2份、象山县1份），衢州市8份（衢江区3份、开化县1份、龙游县2份、江山市2份），绍兴市2份（诸暨市2份），台州市13份（仙居县6份、天台县4份、黄岩区1份、三门县1份、临海市1份），温州市29份（苍南县14份、瑞安市7份、永嘉县4份、文成县3份、平阳县1份）。

本书收录的油料作物种质资源包括油菜、花生、芝麻、蓖麻等，合计65份，分别采集于浙江省9个地级市：杭州市14份（建德市5份、淳安县4份、富阳区3份、桐庐县1份、临安区1份），嘉兴市7份（桐乡市3份、嘉善县2份、海盐县1份、平湖市1份），绍兴市6份（诸暨市3份、新昌县3份），宁波市7份（宁海县4份、奉化区2份、慈溪市1份），舟山市2份（定海区2份），金华市7份（武义县2份、义乌市2份、磐安县2份、东阳市1份），衢州市14份（衢江区5份、开化县7份、龙游县2份），丽水市4份（景宁畲族自治县3份、莲都区1份），温州市4份（瑞安市3份、洞头区1份）。

本书收录的水稻资源主要为地方品种，也有育种改良品种和引进品种。水稻有籼稻（*Oryza sativa* subsp. *indica*）和粳稻（*Oryza sativa* subsp. *japonica*）两个亚种。依据淀粉质地可以分为粘稻和糯稻两种，粘稻主要用于煮制米饭或米粥，糯稻主要用于制作米糕、年糕和酿酒等。按全生育期的长短，有早熟、中熟、晚熟等不同的熟期类型。按谷粒的形状和长宽比，有阔卵形、椭圆形、中长形、细长形等谷粒类型；按外颖颜色，有黄色、银灰色、褐色、紫黑色等不同颜色；按糙米外观颜色，有白色、红色、紫色、黑色等不同色泽。按稻穗最长芒的长短，有特长芒、长芒、中芒、短芒和无芒等；按稻穗始穗期芒的颜色，有白色、黄色、红色、紫色、褐色、黑色等不同芒色；按外颖颖尖颜色，有黄色、红色、紫色、褐色、黑色等不同颖尖色。统计收录的100份水稻资源，全生育期120.0~176.0天，株高88.3~174.0cm，穗长15.9~31.0cm，有效穗数145.0万~342.5万穗/hm²，每穗粒数74.5~281.3粒，结实率60.2%~96.3%，千粒重19.4~42.4g，谷粒长6.5~10.7mm，谷粒宽2.1~4.2mm。

　　本书收录的油菜资源多为地方品种，有甘蓝型油菜、白菜型油菜和芥菜型油菜3种类型。甘蓝型油菜株高180.4～191.6cm，角果数309.0～433.4个，每角粒数23.4～25.58粒，含油量37.71%～42.86%。白菜型油菜植株较矮，株高152.4～177.0cm，角果数307.0～567.8个，每角粒数15.16～18.56粒，含油量38.88%～43.48%。芥菜型油菜抗旱性和抗病性优，角果极细、短，千粒重极低，平均含油量35.40%。

　　本书收录的花生资源多为地方品种，有匍匐型、蔓生型和直立型等多种，具有多粒荚果、高抗青枯病、耐瘠、油酸含量高、耐涝、广适等特点，个别种质材料具有优良的炒货加工食用价值和嫩食特色。株高25.0～110.0cm，侧枝长30.0～159.0cm，荚果数6～58个，种皮有黑色、白色、红色、粉色等，百仁重50.0～128.0g。

　　本书收录的芝麻资源均为地方品种，有黑芝麻、黄芝麻、白芝麻和红芝麻，主茎果轴长度43.5～117.5cm，主茎始蒴高度19.5～84.0cm，有效果节数17.5～44.0节，每蒴粒数59.5～170.0粒，千粒重1.0～1.6g。经鉴定，部分资源产量优势明显，部分资源耐湿性好，部分资源耐贫瘠。

　　本书收录的蓖麻资源都是地方品种，主茎有淡绿色、绿色，蒴果有裂果、无裂果，有刺，果穗形有圆柱形、塔形，种子长圆形，种皮灰花色，株高160～240cm，果穗长28.0～33.7cm，主茎分枝数3～15个，单株有效穗数29～102穗，百粒重13.0～17.7g。

第 二 章

浙江省水稻种质资源

　　水稻（*Oryza sativa*）属于禾本科稻属亚洲栽培稻种，主要分为2个亚种，即籼稻（*O. sativa* subsp. *indica*）和粳稻（*O. sativa* subsp. *japonica*）。本书收录的水稻种质资源合计100份，分别采集于浙江省丽水市、温州市、台州市、衢州市、宁波市、金华市、嘉兴市、绍兴市、杭州市共9个地级市的30个县（市、区）。本章分为粳型粘稻、粳型糯稻、籼型粘稻、籼型糯稻4节，分别介绍了30份、41份、17份、12份资源。田间鉴定分别于2019～2020年在浙江省农业科学院杭州试验基地进行，参照《水稻种质资源描述规范和数据标准》进行评价，主要调查了全生育期、株高、穗长、有效穗数、每穗粒数、结实率、千粒重、谷粒形状、谷粒长、谷粒宽、种皮色、叶鞘色、芒长、芒色、颖尖色、颖色等农艺性状。

　　本章介绍的100份水稻种质资源信息中【主要特征特性】所列农艺性状数据为2019～2020年田间鉴定数据的平均值。

第一节　粳　　稻

一、粳型粘稻

1 白谷　【学　名】Gramineae（禾本科）Oryza（稻属）Oryza sativa subsp. japonica（粳稻）。
【采集地】浙江省温州市永嘉县。

【主要特征特性】属常规粳型粘稻。在杭州种植，全生育期约154.0天，株高112.0cm，穗长16.3cm，有效穗数217.5万穗/hm²，每穗粒数156.1粒，结实率83.9%，千粒重29.5g，谷粒阔卵形，谷粒长7.0mm，谷粒宽3.7mm，种皮白色，叶鞘绿色，无芒，颖尖黄色，颖黄色。当地农民认为该品种优质、抗病、抗虫、口感软，适宜制作年糕。
【优异特性与利用价值】食味优。可作为育种材料或亲本加以利用。
【濒危状况及保护措施建议】目前种植面积极小，建议异位妥善保存的同时，在当地适度推广种植，发展地方资源特色。

2 本地粳稻

【学　名】Gramineae（禾本科）*Oryza*（稻属）*Oryza sativa* subsp. *japonica*（粳稻）。

【采集地】浙江省丽水市龙泉市。

【主要特征特性】属常规粳型粘稻。在杭州种植，全生育期约141.0天，株高124.3cm，穗长21.5cm，有效穗数170.0万穗/hm^2，每穗粒数147.6粒，结实率85.7%，千粒重26.6g，谷粒阔卵形，谷粒长6.5mm，谷粒宽3.5mm，种皮白色，叶鞘绿色，无芒，颖尖黄色、颖黄色。当地农民认为该品种米质优、营养价值高。

【优异特性与利用价值】食味优，可制作年糕等。可作为育种材料或亲本加以利用。

【濒危状况及保护措施建议】目前分布少，种植面积小，建议异位妥善保存的同时，在当地适度推广种植，发展地方资源特色。

3 苍南本地粳

【学　名】Gramineae（禾本科）*Oryza*（稻属）*Oryza sativa* subsp. *japonica*（粳稻）。

【采集地】浙江省温州市苍南县。

【主要特征特性】属常规粳型粘稻。在杭州种植，全生育期约140.0天，株高117.7cm，穗长22.2cm，有效穗数182.5万穗/hm²，每穗粒数110.4粒，结实率87.3%，千粒重25.8g，谷粒阔卵形，谷粒长6.9mm，谷粒宽3.5mm，种皮白色，叶鞘绿色，长芒，芒黄色，颖尖黄色，颖黄色。当地农民认为该品种食味优，不抗倒伏。

【优异特性与利用价值】当地主要用于煮制米饭，也用于制作年糕。可作为育种材料或亲本加以利用。

【濒危状况及保护措施建议】目前种植面积较小，建议异位妥善保存的同时，在当地适度推广种植，发展地方资源特色。

4 长芒晚稻　【学　名】Gramineae（禾本科）Oryza（稻属）Oryza sativa subsp. japonica（粳稻）。
【采集地】浙江省温州市苍南县。

【主要特征特性】属常规粳型粘稻。在杭州种植，全生育期约163.0天，株高172.3cm，穗长29.2cm，有效穗数290.1万穗/hm²，每穗粒数218.2粒，结实率74.0%，千粒重25.4g，谷粒阔卵形，谷粒长7.3mm，谷粒宽3.6mm，种皮白色，叶鞘绿色，芒特长，芒白色，颖尖黄色，颖黄色。当地农民认为该品种芒特长，不抗倒伏。

【优异特性与利用价值】食味优。当地主要用于煮制米饭，也用于制作年糕。可作为育种材料或亲本加以利用。

【濒危状况及保护措施建议】目前种植面积极小，建议异位妥善保存的同时，在当地适度推广种植，发展地方资源特色。

5 赤谷粳米

【**学 名**】Gramineae（禾本科）*Oryza*（稻属）*Oryza sativa* subsp. *japonica*（粳稻）。
【**采集地**】浙江省丽水市景宁县。

【**主要特征特性**】属常规粳型粘稻。在杭州种植，全生育期约152.0天，株高163.3cm，穗长25.3cm，有效穗数232.5万穗/hm²，每穗粒数102.9粒，结实率80.0%，千粒重24.8g，谷粒椭圆形，谷粒长8.8mm，谷粒宽3.5mm，种皮红色，叶鞘绿色，长芒，芒白色，颖尖黄色，颖黄色。当地农民认为该品种营养价值高，不抗倒伏。

【**优异特性与利用价值**】可煮制成红米粥食用。可作为育种材料或亲本加以利用。

【**濒危状况及保护措施建议**】目前种植面积极小，建议异位妥善保存的同时，在当地适度推广种植，发展地方资源特色。

6 赤皮稻

【学　名】Gramineae（禾本科）*Oryza*（稻属）*Oryza sativa* subsp. *japonica*（粳稻）。
【采集地】浙江省丽水市景宁县。

【主要特征特性】属常规粳型粘稻。在杭州种植，全生育期约154.0天，株高156.3cm，穗长25.2cm，有效穗数192.5万穗/hm^2，每穗粒数141.0粒，结实率93.3%，千粒重24.2g，谷粒椭圆形，谷粒长8.5mm，谷粒宽3.6mm，种皮红色，叶鞘绿色，长芒，芒褐色，颖尖褐色，颖赤褐色。当地农民认为该品种营养价值高，不抗倒伏。

【优异特性与利用价值】可煮制成红米粥食用。可作为育种材料或亲本加以利用。

【濒危状况及保护措施建议】目前种植面积极小，建议异位妥善保存的同时，在当地适度推广种植，发展地方资源特色。

7 船工稻

【学 名】Graminaeae（禾本科）Oryza（稻属）Oryza sativa subsp. japonica（粳稻）。
【采集地】浙江省丽水市松阳县。

【主要特征特性】属常规粳型粘稻。在杭州种植，全生育期约139.0天，株高100.0cm，穗长18.1cm，有效穗数182.5万穗/hm²，每穗粒数75.7粒，结实率88.2%，千粒重26.0g，谷粒椭圆形，谷粒长7.1mm，谷粒宽3.3mm，种皮白色，叶鞘绿色，长芒，芒黄色，颖尖黄色，颖黄色。据记载是20世纪60年代引入，后逐渐减少。现主要分布于玉岩镇高海拔山区。当地农民认为该品种茎秆高而细，产量低，肥水过多易倒伏。

【优异特性与利用价值】食味优。当地主要用于煮制米饭。可作为育种材料或亲本加以利用。

【濒危状况及保护措施建议】目前分布范围窄，种植面积小，建议异位妥善保存的同时，在当地适度推广种植，发展地方资源特色。

8 大介黄

【学　名】Gramineae（禾本科）*Oryza*（稻属）*Oryza sativa* subsp. *japonica*（粳稻）。
【采集地】浙江省丽水市景宁县。

【主要特征特性】属常规粳型粘稻。在杭州种植，全生育期约154.0天，株高170.7cm，穗长31.0cm，有效穗数207.5万穗/hm²，每穗粒数120.8粒，结实率90.5%，千粒重25.6g，谷粒椭圆形，谷粒长7.8mm，谷粒宽3.4mm，种皮红色，叶鞘绿色，长芒，芒褐色，颖尖褐色，颖黄色。当地农民认为该品种营养价值高，不抗倒伏。

【优异特性与利用价值】可煮制成红米粥食用。可作为育种材料或亲本加以利用。

【濒危状况及保护措施建议】目前种植面积极小，建议异位妥善保存的同时，在当地适度推广种植，发展地方资源特色。

9 大粒赤

【学　名】Gramineae（禾本科）*Oryza*（稻属）*Oryza sativa* subsp. *japonica*（粳稻）。

【采集地】浙江省杭州市淳安县。

【主要特征特性】属常规粳型粘稻。在杭州种植，全生育期约137.0天，株高146.7cm，穗长25.7cm，有效穗数242.5万穗/hm²，每穗粒数127.9粒，结实率92.3%，千粒重25.0g，谷粒椭圆形，谷粒长7.3mm，谷粒宽3.3mm，种皮红色，叶鞘绿色，无芒，颖尖黄色，颖黄色。当地农民认为该品种耐贫瘠，植株较高，后期易倒伏。

【优异特性与利用价值】当地主要用于煮制红米粥，也用于米粉加工。可作为育种材料或亲本加以利用。

【濒危状况及保护措施建议】目前分布少，建议异位妥善保存的同时，在当地适度推广种植，发展地方资源特色。

10 大粒粳

【学　名】Gramineae（禾本科）*Oryza*（稻属）*Oryza sativa* subsp. *japonica*（粳稻）。

【采集地】浙江省丽水市龙泉市。

【**主要特征特性**】属常规粳型粘稻。在杭州种植，全生育期约151.0天，株高148.0cm，穗长25.8cm，有效穗数242.5万穗/hm²，每穗粒数187.3粒，结实率85.5%，千粒重39.0g，谷粒椭圆形，谷粒长8.7mm，谷粒宽4.0mm，种皮白色，叶鞘绿色，中芒，芒褐色，颖尖褐色，颖黄色。当地农民认为该品种不耐肥，谷粒特大。

【**优异特性与利用价值**】千粒重大。当地主要用于制作年糕。可作为育种材料或亲本加以利用。

【**濒危状况及保护措施建议**】目前分布少，种植面积小，建议异位妥善保存的同时，在当地适度推广种植，发展地方资源特色。

11 奉化粳稻
【学　名】Gramineae（禾本科）*Oryza*（稻属）*Oryza sativa* subsp. *japonica*（粳稻）。
【采集地】浙江省宁波市奉化区。

【主要特征特性】属常规粳型粘稻。在杭州种植，全生育期约144.0天，株高107.7cm，穗长24.4cm，有效穗数175.0万穗/hm²，每穗粒数154.4粒，结实率85.8%，千粒重26.8g，谷粒阔卵形，谷粒长7.6mm，谷粒宽3.5mm，种皮白色，叶鞘绿色，无芒，颖尖黄色、颖黄色。当地农民认为该品种食味优，茎秆较细，抗倒性一般。

【优异特性与利用价值】当地主要用于煮制米饭，也用于制作年糕。可作为育种材料或亲本加以利用。

【濒危状况及保护措施建议】为引进品种，种植历史约30年，目前该资源种植面积较小，建议异位妥善保存的同时，在当地适度推广种植，发展地方资源特色。

12 高脚白谷

【学　名】Gramineae（禾本科）Oryza（稻属）Oryza sativa subsp. japonica（粳稻）。
【采集地】浙江省温州市永嘉县。

【主要特征特性】属常规粳型粘稻。在杭州种植，全生育期约156.0天，株高153.3cm，穗长24.9cm，有效穗数200.0万穗/hm²，每穗粒数166.1粒，结实率87.7%，千粒重42.4g，谷粒椭圆形，谷粒长9.5mm，谷粒宽4.0mm，种皮白色，叶鞘绿色，长芒，芒褐色，颖尖褐色，颖黄色。当地农民认为该品种品质优，不抗倒伏。

【优异特性与利用价值】千粒重大。当地主要用于煮制米饭。可作为育种材料或亲本加以利用。

【濒危状况及保护措施建议】目前种植面积极小，建议异位妥善保存的同时，在当地适度推广种植，发展地方资源特色。

13 黑谷

【学　名】Gramineae（禾本科）*Oryza*（稻属）*Oryza sativa* subsp. *japonica*（粳稻）。
【采集地】浙江省丽水市龙泉市。

【主要特征特性】属常规粳型粘稻。在杭州种植，全生育期约143.0天，株高125.7cm，穗长28.1cm，有效穗数217.5万穗/hm²，每穗粒数159.4粒，结实率95.4%，千粒重24.6g，谷粒细长形，谷粒长10.4mm，谷粒宽3.1mm，种皮黑色，叶鞘绿色，无芒，颖尖黑色，颖紫黑色。当地农民认为该品种种质优、营养价值高。

【优异特性与利用价值】当地主要用于煮制糯米饭。可作为育种材料或亲本加以利用。

【濒危状况及保护措施建议】目前分布少，种植面积小，建议异位妥善保存的同时，在当地适度推广种植，发展地方资源特色。

14 黑米稻

【学　名】Grameneae（禾本科）*Oryza*（稻属）*Oryza sativa* subsp. *japonica*（粳稻）。

【采集地】浙江省宁波市宁海县。

【主要特征特性】属常规粳型粘稻。在杭州种植，全生育期约159.0天，株高118.3cm，穗长20.6cm，有效穗数182.5万穗/hm²，每穗粒数135.7粒，结实率80.6%，千粒重28.0g，谷粒中长形，谷粒长8.8mm，谷粒宽3.4mm，种皮黑色，叶鞘绿色，短芒，芒白色，颖尖黄色，颖褐色。当地农民认为该品种种皮黑色，营养价值高。

【优异特性与利用价值】可煮制成黑米粥食用。可作为育种材料或亲本加以利用。

【濒危状况及保护措施建议】目前种植面积极小，建议异位妥善保存的同时，在当地适度推广种植，发展地方资源特色。

15 红京仁

【学　名】 Gramineae（禾本科）*Oryza*（稻属）*Oryza sativa* subsp. *japonica*（粳稻）。

【采集地】 浙江省台州市黄岩区。

【主要特征特性】 属常规粳型粘稻。在杭州种植，全生育期约138.0天，株高164.0cm，穗长28.4cm，有效穗数232.5万穗/hm²，每穗粒数156.3粒，结实率72.2%，千粒重26.6g，谷粒中长形，谷粒长8.4mm，谷粒宽3.3mm，种皮红色，叶鞘绿色，短芒，芒黄色，颖尖黄色，颖赤黄色。当地农民认为该品种营养价值高，不抗倒伏。

【优异特性与利用价值】 穗长粒多，红米资源。可煮制成红米粥食用。可作为育种材料或亲本加以利用。

【濒危状况及保护措施建议】 目前种植面积极小，建议异位妥善保存的同时，在当地适度推广种植，发展地方资源特色。

16 红芒

【学　名】Grarmineae（禾本科）*Oryza*（稻属）*Oryza sativa* subsp. *japonica*（粳稻）。
【采集地】浙江省丽水市景宁县。

【主要特征特性】属常规粳型粘稻。在杭州种植，全生育期约154.0天，株高146.7cm，穗长24.7cm，有效穗数250.1万穗/hm²，每穗粒数118.7粒，结实率89.0%，千粒重23.1g，谷粒椭圆形，谷粒长8.6mm，谷粒宽3.5mm，种皮红色，叶鞘绿色，芒特长，芒红色，颖尖褐色，颖黄色。当地农民认为该品种营养价值高，抗倒性差。

【优异特性与利用价值】可煮制成红米粥食用。可作为育种材料或亲本加以利用。

【濒危状况及保护措施建议】目前种植面积极小，建议异位妥善保存的同时，在当地适度推广种植，发展地方资源特色。

17 红嘴角粳

【学　名】Gramineae（禾本科）*Oryza*（稻属）*Oryza sativa* subsp. *japonica*（粳稻）。
【采集地】浙江省丽水市庆元县。

【主要特征特性】属常规粳型粘稻。在杭州种植，全生育期约156.0天，株高163.7cm，穗长28.4cm，有效穗数242.5万穗/hm²，每穗粒数158.3粒，结实率82.6%，千粒重25.4g，谷粒阔卵形，谷粒长6.8mm，谷粒宽3.8mm，种皮白色，叶鞘绿色，长芒，芒褐色，颖尖褐色，颖黄色。当地农民认为该品种食味好，抗倒性差。

【优异特性与利用价值】食味优，可制作年糕。可作为育种材料或亲本加以利用。

【濒危状况及保护措施建议】目前种植面积极小，建议异位妥善保存的同时，在当地适度推广种植，发展地方资源特色。

18 娄山晚

【学　名】Gramineae（禾本科）Oryza（稻属）Oryza sativa subsp. japonica（粳稻）。
【采集地】浙江省温州市瑞安市。

【主要特征特性】属常规粳型粘稻。在杭州种植，全生育期约153.0天，株高161.3cm，穗长27.1cm，有效穗数195.0万穗/hm²，每穗粒数156.5粒，结实率81.5%，千粒重24.8g，谷粒椭圆形，谷粒长7.4mm，谷粒宽3.4mm，种皮白色，叶鞘绿色，芒特长，芒白色，颖尖黄色，颖黄色。当地农民认为该品种品质优、抗病、抗虫、耐贫瘠，植株高，抗倒性差，稻米色白、味香、质软、口感独特。

【优异特性与利用价值】食味优。当地主要用于煮制米饭，也用于加工成年糕、粉干及酿酒。可作为育种材料或亲本加以利用。

【濒危状况及保护措施建议】目前种植面积极小，建议异位妥善保存的同时，在当地适度推广种植，发展地方资源特色。

19 芦子头

【学　名】Gramineae（禾本科）*Oryza*（稻属）*Oryza sativa* subsp. *japonica*（粳稻）。
【采集地】浙江省金华市武义县。

【主要特征特性】属常规粳型粘稻。在杭州种植，全生育期约127.0天，株高93.0cm，穗长15.9cm，有效穗数292.6万穗/hm²，每穗粒数125.9粒，结实率85.2%，千粒重27.6g，谷粒阔卵形，谷粒长7.4mm，谷粒宽3.5mm，种皮白色，叶鞘绿色，无芒，颖尖黄色，颖黄色。当地农民认为该品种米饭软糯，抗病性好。

【优异特性与利用价值】食味优，分蘖强。当地主要用于制作米糕、年糕。可作为育种材料或亲本加以利用。

【濒危状况及保护措施建议】目前种植面积极小，建议异位妥善保存的同时，在当地适度推广种植，发展地方资源特色。

20 庆元粳稻

【学　名】Gramineae（禾本科）*Oryza*（稻属）*Oryza sativa* subsp. *japonica*（粳稻）。
【采集地】浙江省丽水市庆元县。

【主要特征特性】属常规粳型粘稻。在杭州种植，全生育期约156.0天，株高141.3cm，穗长22.9cm，有效穗数192.5万穗/hm²，每穗粒数122.7粒，结实率89.7%，千粒重40.9g，谷粒阔卵形，谷粒长8.9mm，谷粒宽4.2mm，种皮白色，叶鞘绿色，长芒，芒褐色，颖尖褐色，颖黄色。当地农民认为该品种粒大，有长芒，食味优。

【优异特性与利用价值】千粒重大。当地以自家食用为主。可作为育种材料或亲本加以利用。

【濒危状况及保护措施建议】目前种植面积极小，建议异位妥善保存的同时，在当地适度推广种植，发展地方资源特色。

21 瑞安晚稻 【学 名】Gramineae（禾本科）*Oryza*（稻属）*Oryza sativa* subsp. *japonica*（粳稻）。
【采集地】浙江省温州市瑞安市。

【**主要特征特性**】属常规粳型粘稻。在杭州种植，全生育期约144.0天，株高90.0cm，穗长16.8cm，有效穗数275.0万穗/hm²，每穗粒数119.8粒，结实率80.0%，千粒重25.2g，谷粒阔卵形，谷粒长7.0mm，谷粒宽3.5mm，种皮白色，叶鞘绿色，中芒，芒白色，颖尖黄色，颖黄色。当地农民认为该品种食味优，分蘖强，秆矮，抗倒性好。

【**优异特性与利用价值**】当地主要用于煮制米饭，也用于制作年糕。可作为育种材料或亲本加以利用。

【**濒危状况及保护措施建议**】该品种从外地引进种植，种植历史约30年，目前种植面积较小，建议异位妥善保存的同时，在当地适度推广种植，发展地方资源特色。

22 善粳3号

【学　名】Grameae（禾本科）*Oryza*（稻属）*Oryza sativa* subsp. *japonica*（粳稻）。
【采集地】浙江省嘉兴市嘉善县。

【主要特征特性】属常规粳型粘稻。在杭州种植，全生育期约151.0天，株高89.3cm，穗长16.2cm，有效穗数225.0万穗/hm²，每穗粒数131.3粒，结实率88.6%，千粒重27.8g，谷粒阔卵形，谷粒长7.3mm，谷粒宽3.4mm，种皮白色，叶鞘绿色，无芒，颖尖紫色，颖黄色。

【优异特性与利用价值】食味优。当地主要用于煮制米饭。可作为育种材料或亲本加以利用。

【濒危状况及保护措施建议】目前种植面积极小，建议异位妥善保存的同时，在当地适度推广种植，发展地方资源特色。

23 台北稻-1

【学　名】Gramineae（禾本科）*Oryza*（稻属）*Oryza sativa* subsp. *japonica*（粳稻）。

【采集地】浙江省台州市仙居县。

【主要特征特性】属常规粳型粘稻。在杭州种植，全生育期约132.0天，株高121.0cm，穗长24.4cm，有效穗数242.5万穗/hm²，每穗粒数167.9粒，结实率89.7%，千粒重29.3g，谷粒阔卵形，谷粒长6.9mm，谷粒宽3.5mm，种皮白色，叶鞘绿色，无芒，颖尖黄色，颖黄色。当地农民认为该品种食味优，米饭松软、有香味，不抗倒伏。

【优异特性与利用价值】当地主要用于煮制米饭，也用于制作年糕、米馒头。可作为育种材料或亲本加以利用。

【濒危状况及保护措施建议】该品种为引进品种，种植历史40多年，目前种植面积较小，建议异位妥善保存的同时，在当地适度推广种植，发展地方资源特色。

24 台北稻-2

【学 名】Graminea（禾本科）*Oryza*（稻属）*Oryza sativa* subsp. *japonica*（粳稻）。
【采集地】浙江省丽水市松阳县。

【主要特征特性】属常规粳型粘稻。在杭州种植，全生育期约141.0天，株高134.3cm，穗长21.3cm，有效穗数267.5万穗/hm²，每穗粒数133.0粒，结实率76.0%，千粒重26.8g，谷粒椭圆形，谷粒长7.8mm，谷粒宽3.6mm，种皮白色，叶鞘绿色，无芒，颖尖黄色，颖黄色。当地农民认为该品种产量低，食味优，茎秆高细，不抗倒伏。

【优异特性与利用价值】当地主要用于煮制米饭，也用于制作年糕、米馒头。可作为育种材料或亲本加以利用。

【濒危状况及保护措施建议】目前主要种植于玉岩镇高海拔山区，种植面积较小，建议异位妥善保存的同时，在当地适度推广种植，发展地方资源特色。

25 天台早粳

【学　名】Gramineae（禾本科）*Oryza*（稻属）*Oryza sativa* subsp. *japonica*（粳稻）。

【采集地】浙江省台州市天台县。

【主要特征特性】属常规粳型粘稻。在杭州种植，全生育期约139.0天，株高115.3cm，穗长22.5cm，有效穗数230.0万穗/hm²，每穗粒数88.7粒，结实率83.5%，千粒重27.2g，谷粒椭圆形，谷粒长7.0mm，谷粒宽3.2mm，种皮白色，叶鞘绿色，无芒，颖尖黄色，颖黄色。当地农民认为该品种品质优，口感好，不抗倒伏。

【优异特性与利用价值】当地以煮制米饭食用为主，也制作年糕。可作为育种材料或亲本加以利用。

【濒危状况及保护措施建议】目前分布范围窄，种植面积小，建议异位妥善保存的同时，在当地适度推广种植，发展地方资源特色。

26 晚稻儿

【学　名】Gramineae（禾本科）*Oryza*（稻属）*Oryza sativa* subsp. *japonica*（粳稻）。
【采集地】浙江省温州市文成县。

【主要特征特性】属常规粳型粘稻。在杭州种植，全生育期约149.0天，株高146.7cm，穗长24.3cm，有效穗数267.6万穗/hm^2，每穗粒数156.1粒，结实率82.6%，千粒重39.2g，谷粒椭圆形，谷粒长8.4mm，谷粒宽3.9mm，种皮白色，叶鞘绿色，中芒，芒褐色，颖尖褐色，颖黄色。当地农民认为该品种品质优，耐贫瘠，广适，不抗倒伏。

【优异特性与利用价值】大粒，口感好。当地以煮制米饭食用为主。可作为育种材料或亲本加以利用。

【濒危状况及保护措施建议】目前种植面积极小，建议异位妥善保存的同时，在当地适度推广种植，发展地方资源特色。

27 祥义选

【学　名】Gramineae（禾本科）*Oryza*（稻属）*Oryza sativa* subsp. *japonica*（粳稻）。

【采集地】浙江省丽水市遂昌县。

【主要特征特性】属常规粳型粘稻。在杭州种植，全生育期约136.0天，株高126.7cm，穗长24.2cm，有效穗数217.5万穗/hm²，每穗粒数176.7粒，结实率91.9%，千粒重28.4g，谷粒阔卵形，谷粒长7.1mm，谷粒宽3.8mm，种皮白色，叶鞘绿色，无芒，颖尖黄色，颖黄色。当地农民认为该品种产量高，食味优，耐寒性好，耐贫瘠，不抗倒伏。

【优异特性与利用价值】当地主要用于煮制米饭，也用于制作年糕。可作为育种材料或亲本加以利用。

【濒危状况及保护措施建议】目前种植面积较小，建议异位妥善保存的同时，在当地适度推广种植，发展地方资源特色。

28 仙居晚稻-1

【学　名】Gramineae（禾本科）*Oryza*（稻属）*Oryza sativa* subsp. *japonica*（粳稻）。
【采集地】浙江省台州市仙居县。

【主要特征特性】属常规粳型粘稻。在杭州种植，全生育期约146.0天，株高108.0cm，穗长20.1cm，有效穗数207.5万穗/hm²，每穗粒数137.4粒，结实率82.5%，千粒重27.0g，谷粒阔卵形，谷粒长7.2mm，谷粒宽3.5mm，种皮白色，叶鞘绿色，无芒，颖尖黄色，颖黄色。当地农民认为该品种做年糕很光滑，米饭有嚼劲。

【优异特性与利用价值】食味优。当地主要用于煮制米饭，也用于制作年糕。可作为育种材料或亲本加以利用。

【濒危状况及保护措施建议】目前种植面积极小，建议异位妥善保存的同时，在当地适度推广种植，发展地方资源特色。

29 仙居晚稻-2

【学　名】Gramineae（禾本科）*Oryza*（稻属）*Oryza sativa* subsp. *japonica*（粳稻）。

【采集地】浙江省台州市仙居县。

【主要特征特性】属常规粳型粘稻。在杭州种植，全生育期约153.0天，株高99.3cm，穗长18.8cm，有效穗数232.5万穗/hm²，每穗粒数101.0粒，结实率94.7%，千粒重33.8g，谷粒细长形，谷粒长10.5mm，谷粒宽2.7mm，种皮白色，叶鞘绿色，无芒，颖尖黄色，颖黄色。当地农民认为该品种米粒细长，米饭香软，制作的年糕香味浓，抗倒性好。

【优异特性与利用价值】当地主要用于煮制米饭，也用于制作年糕。可作为育种材料或亲本加以利用。

【濒危状况及保护措施建议】目前种植面积较小，建议异位妥善保存的同时，在当地适度推广种植，发展地方资源特色。

30 永嘉晚粳

【学　名】Grammineae（禾本科）*Oryza*（稻属）*Oryza sativa* subsp. *japonica*（粳稻）。
【采集地】浙江省温州市永嘉县。

【主要特征特性】属常规粳型粘稻。在杭州种植，全生育期约144.0天，株高151.0cm，穗长27.9cm，有效穗数200.0万穗/hm²，每穗粒数247.3粒，结实率72.7%，千粒重24.4g，谷粒椭圆形，谷粒长8.0mm，谷粒宽3.0mm，种皮白色，叶鞘绿色，无芒，颖尖黄色、颖黄色。当地农民认为该品种品质优，主要用于煮制米饭和制作年糕。

【优异特性与利用价值】食味优。当地主要用于煮制米饭，也用于制作年糕。可作为育种材料或亲本加以利用。

【濒危状况及保护措施建议】目前种植面积极小，建议异位妥善保存的同时，在当地适度推广种植，发展地方资源特色。

二、粳型糯稻

1 29糯　【学　名】Gramineae（禾本科）*Oryza*（稻属）*Oryza sativa* subsp. *japonica*（粳稻）。
　　　　　【采集地】浙江省嘉兴市嘉善县。

【主要特征特性】属常规粳型糯稻。在杭州种植，全生育期约153.0天，株高88.3cm，穗长17.1cm，有效穗数207.5万穗/hm²，每穗粒数141.7粒，结实率87.5%，千粒重27.3g，谷粒阔卵形，谷粒长7.3mm，谷粒宽3.6mm，种皮白色，叶鞘绿色，无芒，颖尖黄色、颖黄色。当地农民认为该品种品质优，可酿酒。

【优异特性与利用价值】可煮制糯米饭，也可酿酒。可作为育种材料或亲本加以利用。

【濒危状况及保护措施建议】目前种植分布极少，建议异位保存，在原生境边种植边选择，与环境协同进化保护。适度推广，发挥特色农产品的经济潜力。

2 矮脚白谷

【学　名】Grammeae（禾本科）Oryza（稻属）Oryza sativa subsp. japonica（粳稻）。

【采集地】浙江省温州市永嘉县。

【主要特征特性】属常规粳型糯稻。在杭州种植，全生育期约154.0天，株高117.3cm，穗长16.4cm，有效穗数182.5万穗/hm²，每穗粒数129.1粒，结实率77.3%，千粒重29.7g，谷粒椭圆形，谷粒长8.1mm，谷粒宽3.6mm，种皮白色，叶鞘绿色，无芒，颖尖黄色，颖黄色。当地农民认为该品种品质优，适应性广。

【优异特性与利用价值】可煮制糯米饭，也可酿酒。可作为育种材料或亲本加以利用。

【濒危状况及保护措施建议】目前种植面积极小，建议异位妥善保存的同时，在当地适度推广种植，发展地方资源特色。

3 八宝糯

【学 名】 Gramineae（禾本科）*Oryza*（稻属）*Oryza sativa* subsp. *japonica*（粳稻）。

【采集地】 浙江省金华市永康市。

【主要特征特性】 属常规粳型糯稻。全生育期约148.0天，株高99.0cm，穗长21.5cm，有效穗数242.5万穗/hm²，每穗粒数133.6粒，结实率85.3%，千粒重26.8g，谷粒椭圆形，谷粒长7.7mm，谷粒宽3.4mm，种皮白色，叶鞘绿色，无芒，颖尖黄色，颖黄色。当地农民认为该品种稻米商品性好，外观漂亮。

【优异特性与利用价值】 可煮制糯米饭，也可作为酿酒等的加工原料。可作为育种材料或亲本加以利用。

【濒危状况及保护措施建议】 目前分布范围窄，种植面积小，建议异位妥善保存的同时，在当地适度推广种植，发展地方资源特色。

4 白壳糯-1

【学　名】Gramineae（禾本科）*Oryza*（稻属）*Oryza sativa* subsp. *japonica*（粳稻）。

【采集地】浙江省温州市苍南县。

【主要特征特性】属常规粳型糯稻。在杭州种植，全生育期约159.0天，株高124.3cm，穗长25.4cm，有效穗数170.0万穗/hm²，每穗粒数209.9粒，结实率63.8%，千粒重35.0g，谷粒椭圆形，谷粒长9.2mm，谷粒宽3.9mm，种皮白色，叶鞘绿色，短芒，芒紫色，颖尖紫色，颖黄色。当地农民认为该品种酿酒出酒率高，米酒香。

【优异特性与利用价值】可制作糯米酒。可作为育种材料或亲本加以利用。

【濒危状况及保护措施建议】目前种植面积极小，建议异位妥善保存的同时，在当地适度推广种植，发展地方资源特色。

5 白壳糯-2

【学　名】Gramineae（禾本科）*Oryza*（稻属）*Oryza sativa* subsp. *japonica*（粳稻）。
【采集地】浙江省台州市仙居县。

【主要特征特性】属常规粳型糯稻。在杭州种植，全生育期约150.0天，株高107.0cm，穗长20.8cm，有效穗数167.5万穗/hm²，每穗粒数136.2粒，结实率87.9%，千粒重26.7g，谷粒阔卵形，谷粒长7.4mm，谷粒宽3.9mm，种皮白色，叶鞘绿色，长芒，芒红色，颖尖黄色，颖黄色。当地农民认为该品种也可双季晚稻连作种植，稻米好吃，产量低，省肥，抗倒性差。

【优异特性与利用价值】可制作麻糍、粽子，也可加工成糯米粉及酿酒。可作为育种材料或亲本加以利用。

【濒危状况及保护措施建议】目前种植面积小，建议异位妥善保存的同时，在当地适度推广种植，发展地方资源特色。

6 白糯

【学　名】Gramineae（禾本科）*Oryza*（稻属）*Oryza sativa* subsp. *japonica*（粳稻）。
【采集地】浙江省温州市瑞安市。

【主要特征特性】属常规粳型糯稻。在杭州种植，全生育期约163.0天，株高128.0cm，穗长22.9cm，有效穗数170.0万穗/hm^2，每穗粒数234.6粒，结实率80.0%，千粒重29.0g，谷粒椭圆形，谷粒长7.9mm，谷粒宽3.5mm，种皮白色，叶鞘绿色，短芒，芒白色，颖尖黄色，颖黄色。当地农民认为该品种品质优、抗病、耐贫瘠，可做糯米酒、汤圆，营养价值高，是一种温和的滋补品。

【优异特性与利用价值】可酿酒，也可制作汤圆。可作为育种材料或亲本加以利用。

【濒危状况及保护措施建议】目前种植面积极小，建议异位妥善保存的同时，在当地适度推广种植，发展地方资源特色。

7 苍南糯 【学 名】Gramineae（禾本科）*Oryza*（稻属）*Oryza sativa* subsp. *japonica*（粳稻）。
【采集地】浙江省温州市苍南县。

【主要特征特性】属常规粳型糯稻。在杭州种植，全生育期约166.0天，株高127.0cm，穗长25.6cm，有效穗数195.0万穗/hm²，每穗粒数202.7粒，结实率78.6%，千粒重28.4g，谷粒阔卵形，谷粒长8.2mm，谷粒宽3.9mm，种皮白色，叶鞘绿色，短芒，芒黑色，颖尖黑色，颖黄色。当地农民认为该品种糯性较好。

【优异特性与利用价值】可用于酿酒、加工糯米粉、制作炒米糕。可作为育种材料或亲本加以利用。

【濒危状况及保护措施建议】目前种植面积极小，建议异位妥善保存的同时，在当地适度推广种植，发展地方资源特色。

8 苍南糯稻

【学 名】Gramineae（禾本科）*Oryza*（稻属）*Oryza sativa* subsp. *japonica*（粳稻）。

【采集地】浙江省温州市苍南县。

【主要特征特性】属常规粳型糯稻。在杭州种植，全生育期约175.0天，株高143.7cm，穗长17.4cm，有效穗数242.5万穗/hm²，每穗粒数145.4粒，结实率84.9%，千粒重26.6g，谷粒阔卵形，谷粒长7.5mm，谷粒宽3.7mm，种皮白色，叶鞘绿色，无芒，颖尖褐色，颖黄色。当地农民认为该品种糯性特好。

【优异特性与利用价值】当地以自家食用为主，部分市场出售，主要用于酿酒、加工糯米粉、制作炒米糕。可作为育种材料或亲本加以利用。

【濒危状况及保护措施建议】目前种植面积极小，建议异位妥善保存的同时，在当地适度推广种植，发展地方资源特色。

9 大灯笼　　【学　名】Gramineae（禾本科）*Oryza*（稻属）*Oryza sativa* subsp. *japonica*（粳稻）。
　　　　　　　【采集地】浙江省衢州市衢江区。

【主要特征特性】属常规粳型糯稻。在杭州种植，全生育期约176.0天，株高161.7cm，穗长28.9cm，有效穗数217.5万穗/hm²，每穗粒数182.2粒，结实率79.7%，千粒重24.6g，谷粒中长形，谷粒长7.6mm，谷粒宽3.2mm，种皮白色，叶鞘绿色，无芒，颖尖黄色，颖黄色。当地农民认为该品种品质优、抗病、抗虫，植株较高，不抗倒伏。

【优异特性与利用价值】当地主要用于酿酒。可作为育种材料或亲本加以利用。

【濒危状况及保护措施建议】目前分布少，种植面积小，建议异位妥善保存的同时，在当地适度推广种植，发展地方资源特色。

10 大冬糯

【学　名】Graminea（禾本科）*Oryza*（稻属）*Oryza sativa* subsp. *japonica*（粳稻）。
【采集地】浙江省丽水市龙泉市。

【主要特征特性】属常规粳型糯稻。在杭州种植，全生育期约175.0天，株高166.0cm，穗长28.7cm，有效穗数242.5万穗/hm²，每穗粒数141.0粒，结实率61.5%，千粒重29.8g，谷粒中长形，谷粒长9.4mm，谷粒宽3.3mm，种皮白色，叶鞘绿色，无芒，颖尖紫色，颖黄色。当地农民认为该品种口感好，抗倒性差。

【优异特性与利用价值】当地主要用于酿酒。可作为育种材料或亲本加以利用。

【濒危状况及保护措施建议】目前分布少，种植面积小，建议异位妥善保存的同时，在当地适度推广种植，发展地方资源特色。

11 矾山黑米

【学　名】Gramineae（禾本科）Oryza（稻属）Oryza sativa subsp. japonica（粳稻）。

【采集地】浙江省温州市苍南县。

【主要特征特性】属常规粳型糯稻。在杭州种植，全生育期约159.0天，株高165.7cm，穗长28.0cm，有效穗数170.0万穗/hm^2，每穗粒数114.3粒，结实率72.9%，千粒重30.6g，谷粒椭圆形，谷粒长9.5mm，谷粒宽4.0mm，种皮黑色，叶鞘绿色，无芒，颖尖黄色，颖黄色。当地农民认为该品种高秆，不抗倒伏。

【优异特性与利用价值】当地主要用于煮制黑米饭。可作为育种材料或亲本加以利用。

【濒危状况及保护措施建议】目前种植面积极小，建议异位妥善保存的同时，在当地适度推广种植，发展地方资源特色。

12 奉化糯稻

【学　名】Gramineae（禾本科）*Oryza*（稻属）*Oryza sativa* subsp. *japonica*（粳稻）。
【采集地】浙江省宁波市奉化区。

【主要特征特性】属常规粳型糯稻。在杭州种植，全生育期约154.0天，株高98.0cm，穗长23.7cm，有效穗数200.0万穗/hm²，每穗粒数134.3粒，结实率93.4%，千粒重29.2g，谷粒阔卵形，谷粒长7.5mm，谷粒宽3.5mm，种皮白色，叶鞘绿色，中芒，芒褐色，颖尖褐色，颖黄色。当地农民认为该品种品质优，稻瘟病抗性差。

【优异特性与利用价值】当地主要用于煮制糯米饭，也可酿酒。可作为育种材料或亲本加以利用。

【濒危状况及保护措施建议】目前种植面积极小，建议异位妥善保存的同时，在当地适度推广种植，发展地方资源特色。

13 旱谷

【学　名】Gramineae（禾本科）*Oryza*（稻属）*Oryza sativa* subsp. *japonica*（粳稻）。

【采集地】浙江省丽水市龙泉市。

【主要特征特性】属常规粳型糯稻。在杭州种植，全生育期约126.0天，株高141.0cm，穗长28.4cm，有效穗数195.0万穗/hm²，每穗粒数148.6粒，结实率76.2%，千粒重26.4g，谷粒阔卵形，谷粒长7.5mm，谷粒宽3.6mm，种皮白色，叶鞘绿色，无芒，颖尖褐色，颖褐色。当地农民认为该品种抗旱性好，可在旱地或新垦山地种植，米饭口感佳，产量低。

【优异特性与利用价值】可煮制糯米饭，也可酿酒。可作为育种材料或亲本加以利用。

【濒危状况及保护措施建议】目前分布少，种植面积小，建议异位妥善保存的同时，在当地适度推广种植，发展地方资源特色。

14 红壳糯-1

【学　名】Gramineae（禾本科）*Oryza*（稻属）*Oryza sativa* subsp. *japonica*（粳稻）。

【采集地】浙江省温州市苍南县。

【主要特征特性】属常规粳型糯稻。在杭州种植，全生育期约170.0天，株高165.3cm，穗长23.1cm，有效穗数242.5万穗/hm²，每穗粒数108.0粒，结实率62.8%，千粒重27.8g，谷粒中长形，谷粒长8.6mm，谷粒宽3.1mm，种皮白色，叶鞘绿色，无芒，颖尖褐色，颖赤褐色。当地农民认为该品种红壳、糯性好、高秆，不抗倒伏。

【优异特性与利用价值】当地主要用于酿酒、糯米粉加工、糯米糕制作、汤圆制作。可作为育种材料或亲本加以利用。

【濒危状况及保护措施建议】目前种植面积极小，建议异位妥善保存的同时，在当地适度推广种植，发展地方资源特色。

15 红壳糯-2

【学　名】Grameae（禾本科）*Oryza*（稻属）*Oryza sativa* subsp. *japonica*（粳稻）。

【采集地】浙江省绍兴市诸暨市。

【主要特征特性】属常规粳型糯稻。在杭州种植，全生育期约159.0天，株高139.3cm，穗长21.3cm，有效穗数275.1万穗/hm²，每穗粒数116.0粒，结实率96.3%，千粒重22.9g，谷粒阔卵形，谷粒长6.8mm，谷粒宽3.4mm，种皮白色，叶鞘绿色，短芒，芒黄色，颖尖红色，颖褐色。当地农民认为该品种红壳，糯性好，食味优，抗病性、抗寒性、抗旱性好。

【优异特性与利用价值】结实率高。当地主要用于制作粽子、煮制糯米饭、制作甜酒酿。可作为育种材料或亲本加以利用。

【濒危状况及保护措施建议】目前种植面积极小，建议异位妥善保存的同时，在当地适度推广种植，发展地方资源特色。

16 红壳糯-3

【学　名】Gramineae（禾本科）*Oryza*（稻属）*Oryza sativa* subsp. *japonica*（粳稻）。
【采集地】浙江省台州市仙居县。

【主要特征特性】属常规粳型糯稻。在杭州种植，全生育期约156.0天，株高125.0cm，穗长19.2cm，有效穗数232.5万穗/hm²，每穗粒数192.0粒，结实率90.5%，千粒重25.7g，谷粒阔卵形，谷粒长7.6mm，谷粒宽3.9mm，种皮白色，叶鞘绿色，无芒，颖尖褐色，颖黄色。当地农民认为该品种米饭口感好，籽粒饱满，稻飞虱抗性差，高秆，抗倒性差。

【优异特性与利用价值】当地主要用于制作麻糍、粽子，也用于酿酒。可作为育种材料或亲本加以利用。

【濒危状况及保护措施建议】目前种植面积极小，建议异位妥善保存的同时，在当地适度推广种植，发展地方资源特色。

17 黄壳糯

【学　名】Gramineae（禾本科）*Oryza*（稻属）*Oryza sativa* subsp. *japonica*（粳稻）。

【采集地】浙江省温州市瑞安市。

【主要特征特性】属常规粳型糯稻。在杭州种植，全生育期约162.0天，株高112.0cm，穗长19.6cm，有效穗数217.5万穗/hm²，每穗粒数105.8粒，结实率90.3%，千粒重32.9g，谷粒阔卵形，谷粒长7.6mm，谷粒宽3.8mm，种皮白色，叶鞘绿色，短芒，芒紫色，颖尖紫色，颖黄色。当地农民认为该品种适宜酿红曲酒。

【优异特性与利用价值】当地主要用于煮制糯米饭，也用于酿酒。可作为育种材料或亲本加以利用。

【濒危状况及保护措施建议】目前种植面积极小，建议异位妥善保存的同时，在当地适度推广种植，发展地方资源特色。

18 黄糯米

【学　名】Gramineae（禾本科）*Oryza*（稻属）*Oryza sativa* subsp. *japonica*（粳稻）。
【采集地】浙江省温州市平阳县。

【主要特征特性】属常规粳型糯稻。在杭州种植，全生育期约169.0天，株高106.0cm，穗长21.2cm，有效穗数150.0万穗/hm²，每穗粒数154.8粒，结实率86.6%，千粒重28.3g，谷粒阔卵形，谷粒长7.4mm，谷粒宽3.5mm，种皮白色，叶鞘绿色，短芒，芒褐色，颖尖褐色，颖赤褐色。当地农民认为该品种品质优，糯性好。

【优异特性与利用价值】当地主要用于煮制糯米饭，也用于酿酒。可作为育种材料或亲本加以利用。

【濒危状况及保护措施建议】目前种植面积极小，建议异位妥善保存的同时，在当地适度推广种植，发展地方资源特色。

19 景宁糯

【学　名】Grameneae（禾本科）*Oryza*（稻属）*Oryza sativa* subsp. *japonica*（粳稻）。

【采集地】浙江省温州市苍南县。

【主要特征特性】属常规粳型糯稻。在杭州种植，全生育期约168.0天，株高126.7cm，穗长20.9cm，有效穗数242.5万穗/hm²，每穗粒数169.3粒，结实率76.1%，千粒重26.6g，谷粒阔卵形，谷粒长7.0mm，谷粒宽3.5mm，种皮白色，叶鞘绿色，无芒，颖尖黄色，颖黄色。当地农民认为该品种糯性好。

【优异特性与利用价值】当地主要用于制作糯米酒、米糕等。可作为育种材料或亲本加以利用。

【濒危状况及保护措施建议】目前种植面积极小，建议异位妥善保存的同时，在当地适度推广种植，发展地方资源特色。

20 酒糟糯

【学　名】Gramineae（禾本科）*Oryza*（稻属）*Oryza sativa* subsp. *japonica*（粳稻）。

【采集地】浙江省温州市文成县。

【主要特征特性】属常规粳型糯稻。在杭州种植，全生育期约170.0天，株高164.3cm，穗长25.5cm，有效穗数182.5万穗/hm²，每穗粒数117.0粒，结实率71.5%，千粒重25.4g，谷粒椭圆形，谷粒长7.5mm，谷粒宽3.3mm，种皮白色，叶鞘绿色，无芒，颖尖褐色，颖赤褐色。当地农民认为该品种品质优，适宜酿酒，耐贫瘠，不抗倒伏。

【优异特性与利用价值】当地主要用于煮制糯米饭，也用于酿酒。可作为育种材料或亲本加以利用。

【濒危状况及保护措施建议】目前种植面积极小，建议异位妥善保存的同时，在当地适度推广种植，发展地方资源特色。

21 芦头糯

【学　名】Gramineae（禾本科）*Oryza*（稻属）*Oryza sativa* subsp. *japonica*（粳稻）。

【采集地】浙江省台州市天台县。

【主要特征特性】属常规粳型糯稻。在杭州种植，全生育期约140.0天，株高122.3cm，穗长23.3cm，有效穗数217.5万穗/hm²，每穗粒数153.2粒，结实率83.7%，千粒重29.0g，谷粒阔卵形，谷粒长7.8mm，谷粒宽3.9mm，种皮白色，叶鞘绿色，长芒，芒红色，颖尖红色，颖黄色。当地农民认为该品种米质优，糯性好，高产，易落粒。

【优异特性与利用价值】当地主要用于煮制糯米饭，也用于酿酒。可作为育种材料或亲本加以利用。

【濒危状况及保护措施建议】目前分布范围窄，种植面积小，建议异位妥善保存的同时，在当地适度推广种植，发展地方资源特色。

22 毛线糯

【学　名】Gramineae（禾本科）*Oryza*（稻属）*Oryza sativa* subsp. *japonica*（粳稻）。
【采集地】浙江省宁波市宁海县。

【主要特征特性】属常规粳型糯稻。在杭州种植，全生育期约146.0天，株高166.7cm，穗长29.8cm，有效穗数195.0万穗/hm²，每穗粒数281.3粒，结实率94.2%，千粒重25.0g，谷粒椭圆形，谷粒长7.9mm，谷粒宽3.5mm，种皮白色，叶鞘绿色，长芒，芒白色，颖尖黄色，颖黄色。当地农民认为该品种糯性特好。

【优异特性与利用价值】当地以自家食用为主，部分市场出售，主要用于酿酒、加工糯米粉和包粽子。可作为育种材料或亲本加以利用。

【濒危状况及保护措施建议】目前种植面积极小，建议异位妥善保存的同时，在当地适度推广种植，发展地方资源特色。

23 宁海糯谷

【学　名】Gramineae（禾本科）*Oryza*（稻属）*Oryza sativa* subsp. *japonica*（粳稻）。
【采集地】浙江省宁波市宁海县。

【主要特征特性】属常规粳型糯稻。在杭州种植，全生育期约150.0天，株高125.7cm，穗长22.8cm，有效穗数267.6万穗/hm²，每穗粒数198.7粒，结实率73.4%，千粒重25.8g，谷粒阔卵形，谷粒长7.4mm，谷粒宽3.7mm，种皮白色，叶鞘绿色，中芒，芒红色，颖尖红色，颖黄色。当地农民认为该品种糯性较好，口感佳。

【优异特性与利用价值】当地以自家食用为主，部分市场出售，主要用于酿酒、加工糯米粉和包粽子。可作为育种材料或亲本加以利用。

【濒危状况及保护措施建议】目前种植面积极小，建议异位妥善保存的同时，在当地适度推广种植，发展地方资源特色。

24 山糯稻

【学　名】Grarnineae（禾本科）*Oryza*（稻属）*Oryza sativa* subsp. *japonica*（粳稻）。

【采集地】浙江省衢州市衢江区。

【主要特征特性】属常规粳型糯稻。在杭州种植，全生育期约135.0天，株高142.7cm，穗长27.9cm，有效穗数157.5万穗/hm^2，每穗粒数145.6粒，结实率75.2%，千粒重27.6g，谷粒椭圆形，谷粒长7.7mm，谷粒宽3.5mm，种皮白色，叶鞘绿色，无芒，颖尖黄色，颖银灰色。当地农民认为该品种抗旱性好，产量偏低。

【优异特性与利用价值】适合于山地等旱地种植，稻米适合酿酒等。可作为育种材料或亲本加以利用。

【濒危状况及保护措施建议】目前种植面积极小，建议异位妥善保存的同时，在当地适度推广种植，发展地方资源特色。

25 武义双糯

【学 名】Gramineae（禾本科）*Oryza*（稻属）*Oryza sativa* subsp. *japonica*（粳稻）。
【采集地】浙江省金华市武义县。

【主要特征特性】属常规粳型糯稻。在杭州种植，全生育期约149.0天，株高124.3cm，穗长21.8cm，有效穗数342.6万穗/hm²，每穗粒数123.4粒，结实率94.7%，千粒重31.5g，谷粒阔卵形，谷粒长7.6mm，谷粒宽4.0mm，种皮白色，叶鞘绿色，无芒，颖尖红色，颖黄色。当地农民认为该品种品质优，糯性好，做年糕用。

【优异特性与利用价值】当地主要用于制作糯米酒、年糕。可作为育种材料或亲本加以利用。

【濒危状况及保护措施建议】目前种植面积极小，建议异位妥善保存的同时，在当地适度推广种植，发展地方资源特色。

26 龙泉双糯

【学　名】Gramineae（禾本科）*Oryza*（稻属）*Oryza sativa* subsp. *japonica*（粳稻）。

【采集地】浙江省丽水市龙泉市。

【主要特征特性】属常规粳型糯稻。在杭州种植，全生育期约138.0天，株高114.7cm，穗长24.5cm，有效穗数290.1万穗/hm²，每穗粒数169.7粒，结实率81.2%，千粒重26.4g，谷粒阔卵形，谷粒长7.1mm，谷粒宽3.7mm，种皮白色，叶鞘绿色，长芒，芒褐色，颖尖褐色，颖黄色。当地农民认为该品种米质优，糯性好。

【优异特性与利用价值】食味优。当地主要用于煮制米饭，也用于酿酒。可作为育种材料或亲本加以利用。

【濒危状况及保护措施建议】目前分布少，种植面积小，建议异位妥善保存的同时，在当地适度推广种植，发展地方资源特色。

27 双糯4号-1

【学　名】Gramineae（禾本科）*Oryza*（稻属）*Oryza sativa* subsp. *japonica*（粳稻）。
【采集地】浙江省衢州市开化县。

【主要特征特性】属常规粳型糯稻。在杭州种植，全生育期约149.0天，株高111.0cm，穗长17.7cm，有效穗数290.1万穗/hm²，每穗粒数147.3粒，结实率85.5%，千粒重27.4g，谷粒阔卵形，谷粒长7.2mm，谷粒宽3.8mm，种皮白色，叶鞘绿色，短芒，芒褐色，颖尖褐色，颖黄色。当地农民认为该品种稻瘟病抗性差，自1975年引进后，一直自留自种。

【优异特性与利用价值】当地主要用于制作清明果、粽子、麻糍，也用于酿酒。可作为育种材料或亲本加以利用。

【濒危状况及保护措施建议】目前种植面积极小，建议异位妥善保存的同时，在当地适度推广种植，发展地方资源特色。

28 双糯4号-2

【学 名】Gramineae（禾本科）*Oryza*（稻属）*Oryza sativa* subsp. *japonica*（粳稻）。
【采集地】浙江省丽水市遂昌县。

【主要特征特性】属常规粳型糯稻。在杭州种植，全生育期约141.0天，株高114.7cm，穗长22.5cm，有效穗数315.1万穗/hm²，每穗粒数146.2粒，结实率78.2%，千粒重25.4g，谷粒阔卵形，谷粒长7.2mm，谷粒宽3.8mm，种皮白色，叶鞘绿色，长芒，芒褐色，颖尖褐色，颖黄色。当地农民认为该品种米质优，糯性好。

【优异特性与利用价值】当地以煮制米饭食用为主，也用于酿酒。可作为育种材料或亲本加以利用。

【濒危状况及保护措施建议】目前分布范围窄，种植面积小，建议异位妥善保存的同时，在当地适度推广种植，发展地方资源特色。

29 泰顺糯　　【学　名】Gramineae（禾本科）*Oryza*（稻属）*Oryza sativa* subsp. *japonica*（粳稻）。
【采集地】浙江省温州市苍南县。

【主要特征特性】属常规粳型糯稻。在杭州种植，全生育期约168.0天，株高126.0cm，穗长20.7cm，有效穗数217.5万穗/hm²，每穗粒数192.9粒，结实率86.8%，千粒重27.4g，谷粒阔卵形，谷粒长7.2mm，谷粒宽3.6mm，种皮白色，叶鞘绿色，无芒，颖尖褐色，颖黄色。当地农民认为该品种糯性好，穗大粒多。

【优异特性与利用价值】可制作成年糕、汤圆、粽子。可作为育种材料或亲本加以利用。

【濒危状况及保护措施建议】目前种植面积极小，建议异位妥善保存。

30 乌脚糯

【学　名】Grameae（禾本科）*Oryza*（稻属）*Oryza sativa* subsp. *japonica*（粳稻）。
【采集地】浙江省宁波市宁海县。

【主要特征特性】属常规粳型糯稻。在杭州种植，全生育期约126.0天，株高152.7cm，穗长25.7cm，有效穗数290.1万穗/hm²，每穗粒数172.9粒，结实率92.6%，千粒重21.6g，谷粒椭圆形，谷粒长7.4mm，谷粒宽3.3mm，种皮红色，叶鞘绿色，短芒，芒黑色，颖尖黑色，颖紫黑色。当地农民认为该品种茎节黑色，稻谷紫黑色，营养价值高。

【优异特性与利用价值】当地主要用于煮制糯米饭，也用于酿酒。可作为育种材料或亲本加以利用。

【濒危状况及保护措施建议】目前分布范围窄，种植面积极小，建议异位妥善保存的同时，在当地适度推广种植，发展地方资源特色。

31 乌节糯

【学　名】Gramineae（禾本科）*Oryza*（稻属）*Oryza sativa* subsp. *japonica*（粳稻）。
【采集地】浙江省台州市天台县。

【主要特征特性】属常规粳型糯稻。在杭州种植，全生育期约139.0天，株高151.0cm，穗长24.4cm，有效穗数242.5万穗/hm²，每穗粒数172.9粒，结实率84.8%，千粒重22.0g，谷粒中长形，谷粒长8.2mm，谷粒宽2.9mm，种皮红色，叶鞘绿色，短芒，芒紫色，颖尖紫色，颖黄色。当地农民认为该品种品质优，落粒性好，糯性好。

【优异特性与利用价值】当地主要用于煮制米饭，也用于酿酒。可作为育种材料或亲本加以利用。

【濒危状况及保护措施建议】目前分布范围窄，种植面积小，建议异位妥善保存的同时，在当地适度推广种植，发展地方资源特色。

32 乌头糯

【学 名】Gramineae（禾本科）*Oryza*（稻属）*Oryza sativa* subsp. *japonica*（粳稻）。
【采集地】浙江省丽水市龙泉市。

【主要特征特性】属常规粳型糯稻。在杭州种植，全生育期约170.0天，株高164.0cm，穗长27.1cm，有效穗数195.0万穗/hm²，每穗粒数97.1粒，结实率79.7%，千粒重29.6g，谷粒中长形，谷粒长8.5mm，谷粒宽3.1mm，种皮白色，叶鞘绿色，短芒，芒黑色，颖尖紫色，颖黄色。当地农民认为该品种米质优，不耐肥，抗倒性差。

【优异特性与利用价值】当地主要用于煮制米饭，也用于酿酒。可作为育种材料或亲本加以利用。

【濒危状况及保护措施建议】目前分布少，种植面积小，建议异位妥善保存的同时，在当地适度推广种植，发展地方资源特色。

33 吴山糯谷

【学　名】Gramineae（禾本科）Oryza（稻属）Oryza sativa subsp. japonica（粳稻）。
【采集地】浙江省温州市瑞安市。

【主要特征特性】属常规粳型糯稻。在杭州种植，全生育期约168.0天，株高141.3cm，穗长24.6cm，有效穗数217.5万穗/hm²，每穗粒数252.7粒，结实率82.0%，千粒重25.2g，谷粒阔卵形，谷粒长7.5mm，谷粒宽4.0mm，种皮白色，叶鞘绿色，无芒，颖尖褐色，颖黄色。当地农民认为该品种米质优，耐旱耐寒，适应性好，种皮白色、不透明状，糯性好，营养价值很高，是一种温和的滋补品，有祛湿、补血、健脾、暖胃、止汗等作用。

【优异特性与利用价值】穗大粒多。当地用于制作糯米酒、汤圆、年糕。可作为育种材料或亲本加以利用。

【濒危状况及保护措施建议】目前种植面积极小，建议异位妥善保存的同时，在当地适度推广种植，发展地方资源特色。

34 仙霞山稻

【学　名】Grarnineae（禾本科）*Oryza*（稻属）*Oryza sativa* subsp. *japonica*（粳稻）。
【采集地】浙江省衢州市江山市。

【主要特征特性】属常规粳型糯稻。在杭州种植，全生育期约126.0天，株高144.3cm，穗长29.3cm，有效穗数242.5万穗/hm²，每穗粒数142.9粒，结实率87.0%，千粒重24.0g，谷粒阔卵形，谷粒长7.5mm，谷粒宽3.9mm，种皮白色，叶鞘绿色，无芒，颖尖褐色，颖褐色。

【优异特性与利用价值】最早种植在江山市仙霞山脉海拔400m以上的山坡地，根系较发达，穗大粒多，耐瘠、耐旱、耐阴、抗病性好。当地主要用于煮制米饭，也用于加工成糯米粉及酿酒。可作为育种材料或亲本加以利用。

【濒危状况及保护措施建议】目前分布少，种植面积小，建议异位妥善保存的同时，在当地适度推广种植，发展地方资源特色。

35 象山糯稻

【学　名】Gramineae（禾本科）Oryza（稻属）Oryza sativa subsp. japonica（粳稻）。

【采集地】浙江省宁波市象山县。

【主要特征特性】属常规粳型糯稻。在杭州种植，全生育期约149.0天，株高107.0cm，穗长18.3cm，有效穗数195.0万穗/hm²，每穗粒数155.3粒，结实率83.1%，千粒重29.8g，谷粒阔卵形，谷粒长7.5mm，谷粒宽3.7mm，种皮白色，叶鞘绿色，无芒，颖尖黄色、颖黄色。当地农民认为该品种糯性好。

【优异特性与利用价值】当地以煮制成米饭食用为主，也用于酿酒、制作糯米糕。可作为育种材料或亲本加以利用。

【濒危状况及保护措施建议】目前种植面积极小，建议异位妥善保存的同时，在当地适度推广种植，发展地方资源特色。

36 雪糯

【学　名】Grameneae（禾本科）*Oryza*（稻属）*Oryza sativa* subsp. *japonica*（粳稻）。

【采集地】浙江省丽水市云和县。

【主要特征特性】属常规粳型糯稻。在杭州种植，全生育期约147.0天，株高122.7cm，穗长17.9cm，有效穗数195.0万穗/hm²，每穗粒数124.2粒，结实率91.1%，千粒重21.0g，谷粒阔卵形，谷粒长6.6mm，谷粒宽3.7mm，种皮白色，叶鞘绿色，长芒，芒黑色，颖尖黑色，颖紫黑色。当地农民认为该品种茎秆高而细，产量偏低，肥水过多时易倒伏。

【优异特性与利用价值】食味优。当地以煮制成米饭食用为主，也用于酿酒。可作为育种材料或亲本加以利用。

【濒危状况及保护措施建议】目前分布范围窄，种植面积小，建议异位妥善保存的同时，在当地适度推广种植，发展地方资源特色。

37 燕知糯

【学 名】Gramineae（禾本科）*Oryza*（稻属）*Oryza sativa* subsp. *japonica*（粳稻）。
【采集地】浙江省温州市瑞安市。

【主要特征特性】属常规粳型糯稻。在杭州种植，全生育期约140.0天，株高101.3cm，穗长22.5cm，有效穗数267.6万穗/hm²，每穗粒数118.3粒，结实率87.4%，千粒重24.6g，谷粒阔卵形，谷粒长7.3mm，谷粒宽3.7mm，种皮白色，叶鞘绿色，无芒，颖尖黄色、颖黄色。当地农民认为该品种抗病性好，糯性好，营养价值高，是一种温和的滋补品。

【优异特性与利用价值】食味优。可制作糯米酒、汤圆。可作为育种材料或亲本加以利用。

【濒危状况及保护措施建议】目前种植面积极小，建议异位妥善保存的同时，在当地适度推广种植，发展地方资源特色。

38 圆粒糯谷

【学　名】Gramineae（禾本科）*Oryza*（稻属）*Oryza sativa* subsp. *japonica*（粳稻）。

【采集地】浙江省丽水市莲都区。

【主要特征特性】属常规粳型糯稻。在杭州种植，全生育期约138.0天，株高144.0cm，穗长23.2cm，有效穗数315.1万穗/hm^2，每穗粒数152.2粒，结实率78.1%，千粒重26.0g，谷粒阔卵形，谷粒长6.8mm，谷粒宽3.5mm，种皮白色，叶鞘绿色，中芒，芒褐色，颖尖褐色，颖黄色。当地农民认为该品种食味优，糯性好。

【优异特性与利用价值】当地主要用于煮制糯米饭，也用于酿酒。可作为育种材料或亲本加以利用。

【濒危状况及保护措施建议】目前分布少，种植面积小，建议异位妥善保存的同时，在当地适度推广种植，发展地方资源特色。

39 长芒糯谷

【学　名】Gramineae（禾本科）Oryza（稻属）Oryza sativa subsp. japonica（粳稻）。
【采集地】浙江省丽水市遂昌县。

【主要特征特性】属常规粳型糯稻。在杭州种植，全生育期约143.0天，株高100.0cm，穗长21.2cm，有效穗数170.0万穗/hm²，每穗粒数113.6粒，结实率86.1%，千粒重28.4g，谷粒椭圆形，谷粒长8.1mm，谷粒宽3.6mm，种皮白色，叶鞘绿色，短芒，芒褐色，颖尖褐色，颖黄色。当地农民认为该品种产量高，食味优，耐瘠薄。

【优异特性与利用价值】当地主要用于煮制糯米饭，也用于酿酒。可作为育种材料或亲本加以利用。

【濒危状况及保护措施建议】遂昌县内均有分布，分布较广，建议异位妥善保存的同时，在当地适度推广种植，发展地方资源特色。

40 朱糯

【学　名】Grameae（禾本科）*Oryza*（稻属）*Oryza sativa* subsp. *japonica*（粳稻）。
【采集地】浙江省温州市苍南县。

【主要特征特性】属常规粳型糯稻。在杭州种植，全生育期约163.0天，株高140.7cm，穗长21.6cm，有效穗数267.6万穗/hm²，每穗粒数186.9粒，结实率67.4%，千粒重28.2g，谷粒阔卵形，谷粒长8.0mm，谷粒宽3.9mm，种皮白色，叶鞘绿色，无芒，颖尖黄色，颖黄色。当地农民认为该品种糯性较好。

【优异特性与利用价值】可用于酿酒、加工糯米粉、制作炒米糕。可作为育种材料或亲本加以利用。

【濒危状况及保护措施建议】目前种植面积极小，建议异位妥善保存的同时，在当地适度推广种植，发展地方资源特色。

41 诸暨粳糯

【学　名】Grameneae（禾本科）*Oryza*（稻属）*Oryza sativa* subsp. *japonica*（粳稻）。

【采集地】浙江省绍兴市诸暨市。

【主要特征特性】属常规粳型糯稻。在杭州种植，全生育期约150.0天，株高98.0cm，穗长19.2cm，有效穗数257.6万穗/hm²，每穗粒数104.3粒，结实率85.6%，千粒重29.6g，谷粒椭圆形，谷粒长8.2mm，谷粒宽3.8mm，种皮白色，叶鞘绿色，无芒，颖尖黄色，颖黄色。当地农民认为该品种糯性好，抗倒伏。

【优异特性与利用价值】可用于煮制糯米饭、制作粽子、加工甜酒酿。可作为育种材料或亲本加以利用。

【濒危状况及保护措施建议】目前种植面积极小，建议异位妥善保存的同时，在当地适度推广种植，发展地方资源特色。

第二节　籼　　稻

一、籼型粘稻

1 矾山红米　【学　名】Gramineae（禾本科）*Oryza*（稻属）*Oryza sativa* subsp. *indica*（籼稻）。
　　　　　　　　【采集地】浙江省温州市苍南县。

【主要特征特性】属常规籼型粘稻。在杭州种植，全生育期约130.0天。株高130.0cm，穗长26.3cm，有效穗数250.0万穗/hm^2，每穗粒数132.0粒，结实率91.1%，千粒重23.5g，谷粒中长形，谷粒长8.3mm，谷粒宽2.7mm，种皮红色，叶鞘绿色，无芒，颖尖黄色，颖黄色。

【优异特性与利用价值】当地以煮制米饭食用为主，米饭软糯香，口感较好。可作为育种材料或亲本加以利用。

【濒危状况及保护措施建议】2010年被列入浙江省首批农作物种质资源保护名录。目前种植面积极小，建议异位妥善保存的同时，在当地适度推广种植，发展地方资源特色。

2 黑壳紫红米

【学　名】Gramineae（禾本科）*Oryza*（稻属）*Oryza sativa* subsp. *japonica*（粳稻）。

【采集地】浙江省台州市天台县。

【主要特征特性】属常规籼型粘稻。在杭州种植，全生育期约141.0天，株高122.0cm，穗长30.0cm，每亩有效穗数14.5万穗，每穗粒数196.7粒，结实率80.8%，千粒重29.6g，谷粒细长形，谷粒长10.6mm，谷粒宽2.8mm，种皮红色，叶鞘绿色，无芒，颖尖褐色，颖褐色。当地农民认为米饭口感好，营养价值高。

【优异特性与利用价值】当地主要用于制作营养米饭、八宝粥、米粉、米糊、紫红米年糕、紫红米蛋糕、紫红米烘糕、紫红米茶等。可作为育种材料或亲本加以利用。

【濒危状况及保护措施建议】目前种植面积为100亩左右，建议异位妥善保存的同时，在当地适度推广种植，发展地方资源特色。

3 黑衣谷

【学　名】Graminae（禾本科）*Oryza*（稻属）*Oryza sativa* subsp. *indica*（籼稻）。
【采集地】浙江省丽水市景宁县。

【主要特征特性】属常规籼型粘稻。在杭州种植，全生育期约136.0天，株高163.0cm，穗长28.6cm，有效穗数207.5万穗/hm²，每穗粒数148.0粒，结实率86.2%，千粒重23.7g，谷粒椭圆形，谷粒长8.1mm，谷粒宽3.2mm，种皮红色，叶鞘绿色，短芒，芒白色，颖尖黄色，颖褐色。当地农民认为该品种营养价值高，不抗倒伏。

【优异特性与利用价值】可煮制成红米粥食用。可作为育种材料或亲本加以利用。

【濒危状况及保护措施建议】目前种植面积较小，建议异位妥善保存的同时，在当地适度推广种植，发展地方资源特色。

4 红金

【学　名】 Gramineae（禾本科）*Oryza*（稻属）*Oryza sativa* subsp. *indica*（籼稻）。

【采集地】 浙江省丽水市景宁县。

【主要特征特性】 属常规籼型粘稻。在杭州种植，全生育期约123.0天，株高164.7cm，穗长25.2cm，有效穗数200.0万穗/hm²，每穗粒数119.2粒，结实率61.9%，千粒重23.2g，谷粒椭圆形，谷粒长8.2mm，谷粒宽3.2mm，种皮红色，叶鞘绿色，中芒，颖尖黄色、颖黄色。当地农民认为该品种营养价值高。

【优异特性与利用价值】 可煮制成红米粥食用。可作为育种材料或亲本加以利用。

【濒危状况及保护措施建议】 目前种植面积极小，建议异位妥善保存的同时，在当地适度推广种植，发展地方资源特色。

5 八月花秋

【学　名】Gramineae（禾本科）*Oryza*（稻属）*Oryza sativa* subsp. *indica*（籼稻）。
【采集地】浙江省台州市三门县。

【主要特征特性】属常规籼型粘稻。在杭州种植，全生育期约136.0天，株高138.3cm，穗长18.1cm，有效穗数170.0万穗/hm²，每穗粒数86.8粒，结实率82.0%，千粒重24.4g，谷粒椭圆形，谷粒长7.4mm，谷粒宽2.7mm，种皮红色，叶鞘绿色，无芒，颖尖黄色，颖黄色。当地农民认为该品种品质优，营养价值高，抗病，耐贫瘠。

【优异特性与利用价值】可煮制成红米粥食用。可作为育种材料或亲本加以利用。

【濒危状况及保护措施建议】目前分布少，种植面积小，建议异位妥善保存的同时，在当地适度推广种植，发展地方资源特色。

6 红米

【学　名】Gramineae（禾本科）*Oryza*（稻属）*Oryza sativa* subsp. *indica*（籼稻）。

【采集地】浙江省丽水市龙泉市。

【主要特征特性】属常规籼型粘稻。在杭州种植，全生育期约138.0天，株高109.0cm，穗长27.5cm，有效穗数242.5万穗/hm^2，每穗粒数177.1粒，结实率68.0%，千粒重24.2g，谷粒中长形，谷粒长8.2mm，谷粒宽2.9mm，种皮红色，叶鞘绿色，无芒，颖尖黄色，颖黄色。当地农民认为该品种营养价值高。

【优异特性与利用价值】可煮制成红米粥食用。可作为育种材料或亲本加以利用。

【濒危状况及保护措施建议】目前分布少，种植面积小，建议异位妥善保存的同时，在当地适度推广种植，发展地方资源特色。

7 花谷儿

【学　名】Grameae（禾本科）*Oryza*（稻属）*Oryza sativa* subsp. *indica*（籼稻）。

【采集地】浙江省丽水市龙泉市。

【主要特征特性】属常规籼型粘稻。在杭州种植，全生育期约132.0天，株高163.0cm，穗长23.4cm，有效穗数242.5万穗/hm²，每穗粒数122.0粒，结实率87.6%，千粒重21.0g，谷粒中长形，谷粒长7.7mm，谷粒宽2.6mm，种皮红色，叶鞘绿色，无芒，颖尖黄色，颖黄色。当地农民认为该品种米质优，营养价值高。

【优异特性与利用价值】可煮制成红米粥食用。可作为育种材料或亲本加以利用。

【濒危状况及保护措施建议】目前分布少，种植面积小，建议异位妥善保存的同时，在当地适度推广种植，发展地方资源特色。

8 龙泉丝苗

【学 名】Gramineae（禾本科）*Oryza*（稻属）*Oryza sativa* subsp. *indica*（籼稻）。
【采集地】浙江省丽水市龙泉市。

【主要特征特性】属常规籼型粘稻。在杭州种植，全生育期约130.0天，株高116.7cm，穗长25.6cm，有效穗数267.6万穗/hm²，每穗粒数183.6粒，结实率91.3%，千粒重22.4g，谷粒细长形，谷粒长9.0mm，谷粒宽2.5mm，种皮白色，叶鞘绿色，短芒，芒黄色，颖尖黄色，颖黄色。当地农民认为该品种米饭口感佳。

【优异特性与利用价值】食味优。当地主要用于煮制米饭。可作为育种材料或亲本加以利用。

【濒危状况及保护措施建议】目前分布少，种植面积小，建议异位妥善保存的同时，在当地适度推广种植，发展地方资源特色。

9 平阳籼

【学　名】Gramineae（禾本科）*Oryza*（稻属）*Oryza sativa* subsp. *indica*（籼稻）。

【采集地】浙江省丽水市庆元县。

【主要特征特性】属常规籼型粘稻。在杭州种植，全生育期约131.0天，株高170.3cm，穗长23.3cm，有效穗数317.6万穗/hm²，每穗粒数114.8粒，结实率60.2%，千粒重23.0g，谷粒椭圆形，谷粒长8.0mm，谷粒宽3.0mm，种皮红色，叶鞘绿色，短芒，芒白色，颖尖黄色，颖银灰色。当地农民认为该品种营养价值高，不抗倒伏。

【优异特性与利用价值】可煮制成红米粥食用。可作为育种材料或亲本加以利用。

【濒危状况及保护措施建议】目前种植面积极小，建议异位妥善保存的同时，在当地适度推广种植，发展地方资源特色。

10 庆元黑米

【学　名】Gramineae（禾本科）*Oryza*（稻属）*Oryza sativa* subsp. *indica*（籼稻）。

【采集地】浙江省丽水市庆元县。

【主要特征特性】属常规籼型粘稻。在杭州种植，全生育期约145.0天，株高134.3cm，穗长27.1cm，有效穗数200.0万穗/hm²，每穗粒数146.9粒，结实率84.6%，千粒重30.1g，谷粒细长形，谷粒长10.7mm，谷粒宽3.1mm，种皮黑色，叶鞘绿色，无芒，颖尖黑色，颖褐色。当地农民认为该品种营养价值高。

【优异特性与利用价值】可煮制成黑米粥食用。可作为育种材料或亲本加以利用。

【濒危状况及保护措施建议】目前种植面积极小，建议异位妥善保存的同时，在当地适度推广种植，发展地方资源特色。

11 庆元红米

【学　名】Gramineae（禾本科）*Oryza*（稻属）*Oryza sativa* subsp. *indica*（籼稻）。

【采集地】浙江省丽水市景宁县。

【主要特征特性】属常规籼型粘稻。在杭州种植，全生育期约123.0天，株高168.0cm，穗长29.7cm，有效穗数282.6万穗/hm²，每穗粒数176.3粒，结实率72.5%，千粒重24.0g，谷粒中长形，谷粒长8.7mm，谷粒宽2.9mm，种皮红色，叶鞘绿色，无芒，颖尖黄色，颖银灰色。当地农民认为该品种营养价值高，植株高，易倒伏。

【优异特性与利用价值】可煮制成红米粥食用。可作为育种材料或亲本加以利用。

【濒危状况及保护措施建议】目前种植面积极小，建议异位妥善保存的同时，在当地适度推广种植，发展地方资源特色。

12 四季粘

【学　名】Grammeae（禾本科）*Oryza*（稻属）*Oryza sativa* subsp. *indica*（籼稻）。
【采集地】浙江省丽水市青田县。

【主要特征特性】属常规籼型粘稻。在杭州种植，全生育期约123.0天，株高108.7cm，穗长27.5cm，有效穗数157.5万穗/hm²，每穗粒数257.5粒，结实率80.0%，千粒重27.6g，谷粒椭圆形，谷粒长7.9mm，谷粒宽3.4mm，种皮白色，叶鞘绿色，无芒，颖尖紫色，颖黄色。当地农民认为该品种抗病，抗虫，耐高温，耐贫瘠。

【优异特性与利用价值】当地主要用于制作地方小吃千层糕，风味比较好。可作为育种材料或亲本加以利用。

【濒危状况及保护措施建议】目前分布少，种植面积小，建议异位妥善保存的同时，在当地适度推广种植，发展地方资源特色。

13　乌皮金谷

【学　名】Gramineae（禾本科）*Oryza*（稻属）*Oryza sativa* subsp. *indica*（籼稻）。
【采集地】浙江省温州市瑞安市。

【主要特征特性】属常规籼型粘稻。在杭州种植，全生育期约136.0天，株高102.0cm，穗长22.8cm，有效穗数157.5万穗/hm²，每穗粒数101.8粒，结实率85.3%，千粒重27.0g，谷粒中长形，谷粒长8.3mm，谷粒宽3.0mm，种皮红色，叶鞘绿色，无芒，颖尖黄色，颖银灰色。当地农民认为该品种品质优、抗病、抗虫、抗旱，种植历史久远，营养价值高，可加工成风味小吃，有健脾、消食功效。

【优异特性与利用价值】当地用于加工成风味小吃。可作为育种材料或亲本加以利用。

【濒危状况及保护措施建议】目前种植面积极小，建议异位妥善保存的同时，在当地适度推广种植，发展地方资源特色。

14 细粒谷

【学　名】Graminea（禾本科）*Oryza*（稻属）*Oryza sativa* subsp. *indica*（籼稻）。

【采集地】浙江省丽水市云和县。

【主要特征特性】属常规籼型粘稻。在杭州种植，全生育期约120.0天，株高112.3cm，穗长25.5cm，有效穗数145.0万穗/hm²，每穗粒数134.3粒，结实率85.5%，千粒重19.4g，谷粒细长形，谷粒长9.8mm，谷粒宽2.1mm，种皮白色，叶鞘绿色，无芒，颖尖黄色，颖黄色。当地农民认为该品种高产、米质优、米粒细长。

【优异特性与利用价值】食味优。当地主要用于煮制米饭。可作为育种材料或亲本加以利用。

【濒危状况及保护措施建议】目前分布少，种植面积小，建议异位妥善保存的同时，在当地适度推广种植，发展地方资源特色。

15 胭脂米

【学　名】Gramineae（禾本科）Oryza（稻属）Oryza sativa subsp. indica（籼稻）。
【采集地】浙江省宁波市宁海县。

【主要特征特性】属常规籼型粘稻。在杭州种植，全生育期约138.0天，株高133.3cm，穗长22.4cm，有效穗数242.5万穗/hm^2，每穗粒数74.5粒，结实率79.2%，千粒重27.8g，谷粒中长形，谷粒长8.1mm，谷粒宽3.1mm，种皮红色，叶鞘绿色，中芒，芒白色，颖尖黄色，颖银灰色。当地农民认为该品种耐贫瘠，米质优，糙米红色，富含微量元素，营养价值高。

【优异特性与利用价值】可煮制成红米粥食用。可作为育种材料或亲本加以利用。

【濒危状况及保护措施建议】目前种植面积极小，建议异位妥善保存的同时，在当地适度推广种植，发展地方资源特色。

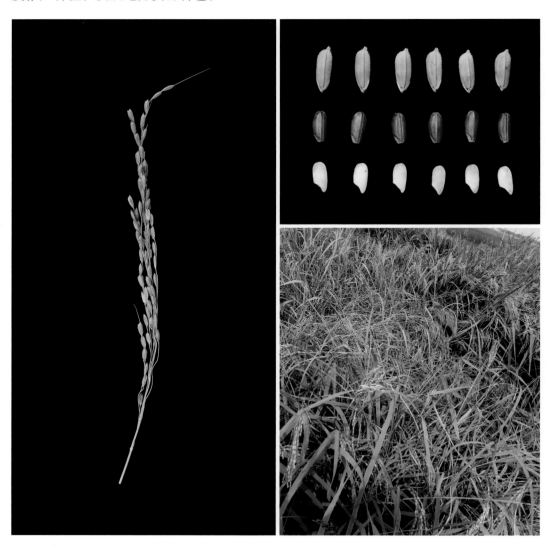

16 玉占

【学 名】Grameneae（禾本科）*Oryza*（稻属）*Oryza sativa* subsp. *indica*（籼稻）。

【采集地】浙江省台州市临海市。

【主要特征特性】属常规籼型粘稻。在杭州种植，全生育期约127.0天，株高101.7cm，穗长24.8cm，有效穗数200.0万穗/hm²，每穗粒数148.8粒，结实率88.4%，千粒重24.8g，谷粒细长形，谷粒长9.5mm，谷粒宽2.6mm，种皮白色，叶鞘绿色，无芒，颖尖紫色，颖黄色。当地农民认为该品种品质优，耐贫瘠，茎秆较细。

【优异特性与利用价值】食味优。当地主要用于煮制米饭。可作为育种材料或亲本加以利用。

【濒危状况及保护措施建议】目前分布少，种植面积小，建议异位妥善保存的同时，在当地适度推广种植，发展地方资源特色。

17 长芯稻

【学　名】Gramineae（禾本科）*Oryza*（稻属）*Oryza sativa* subsp. *indica*（籼稻）。

【采集地】浙江省衢州市龙游县。

【主要特征特性】属常规籼型粘稻。在杭州种植，全生育期约147.0天，株高170.0cm，穗长25.6cm，有效穗数300.1万穗/hm^2，每穗粒数100.1粒，结实率91.6%，千粒重27.0g，谷粒中长形，谷粒长8.9mm，谷粒宽3.2mm，种皮红色，叶鞘绿色，长芒，芒白色，颖尖黄色，颖银灰色。当地农民认为该品种营养价值高，易倒伏。

【优异特性与利用价值】可煮制成红米粥食用。可作为育种材料或亲本加以利用。

【濒危状况及保护措施建议】目前分布少，种植面积小，建议异位妥善保存的同时，在当地适度推广种植，发展地方资源特色。

二、籼型糯稻

1 杭州糯

【学　名】Gramineae（禾本科）*Oryza*（稻属）*Oryza sativa* subsp. *indica*（籼稻）。
【采集地】浙江省金华市浦江县。

【主要特征特性】属常规籼型糯稻。在杭州种植，全生育期约133.0天，株高118.0cm，穗长25.1cm，有效穗数170.0万穗/hm²，每穗粒数189.0粒，结实率90.0%，千粒重24.6g，谷粒细长形，谷粒长9.9mm，谷粒宽2.7mm，种皮白色，叶鞘绿色，无芒，颖尖黄色、颖黄色。当地农民认为该品种糯性特好，产量不高。

【优异特性与利用价值】可煮制糯米饭，也可酿酒。可作为育种材料或亲本加以利用。

【濒危状况及保护措施建议】目前种植面积极小，建议异位妥善保存的同时，在当地适度推广种植，发展地方资源特色。

2 红壳稻

【学　名】Gramineae（禾本科）*Oryza*（稻属）*Oryza sativa* subsp. *indica*（籼稻）。
【采集地】浙江省温州市文成县。

【主要特征特性】属常规籼型糯稻。在杭州种植，全生育期约146.0天，株高152.0cm，穗长25.3cm，有效穗数204.5万穗/hm^2，每穗粒数103.0粒，结实率78.5%，千粒重41.5g，谷粒椭圆形，谷粒长9.8mm，谷粒宽3.8mm，种皮白色，叶鞘绿色，无芒，颖尖黄色，颖赤褐色。当地农民认为该品种糯性好、耐旱、耐贫瘠、抗倒性好。

【优异特性与利用价值】可用于煮制糯米饭，也可用于酿酒。可作为育种材料或亲本加以利用。

【濒危状况及保护措施建议】目前种植面积较小，建议异位妥善保存的同时，在当地适度推广种植，发展地方资源特色。

3 龙游糯谷

【学　名】Gramineae（禾本科）Oryza（稻属）Oryza sativa subsp. indica（籼稻）。
【采集地】浙江省衢州市龙游县。

【主要特征特性】属常规籼型糯稻。在杭州种植，全生育期约127.0天，株高119.0cm，穗长25.1cm，有效穗数282.5万穗/hm²，每穗粒数187.8粒，结实率93.9%，千粒重28.2g，谷粒细长形，谷粒长9.0mm，谷粒宽2.6mm，种皮白色，叶鞘绿色，无芒，颖尖黄色，颖黄色。当地农民认为该品种糯性一般，分蘖较强，产量高。

【优异特性与利用价值】可煮制糯米饭，也可酿酒。可作为育种材料或亲本加以利用。

【濒危状况及保护措施建议】目前种植面积极小，建议异位妥善保存的同时，在当地适度推广种植，发展地方资源特色。

4 南优糯

【学　名】Grameneae（禾本科）*Oryza*（稻属）*Oryza sativa* subsp. *indica*（籼稻）。

【采集地】浙江省温州市苍南县。

【主要特征特性】属常规籼型糯稻。在杭州种植，全生育期约133.0天，株高121.7cm，穗长26.0cm，有效穗数290.1万穗/hm^2，每穗粒数168.6粒，结实率92.5%，千粒重27.8g，谷粒细长形，谷粒长9.7mm，谷粒宽2.8mm，种皮白色，叶鞘绿色，无芒，颖尖黄色，颖黄色。当地农民认为该品种糯性好。

【优异特性与利用价值】当地主要用于酿酒。可作为育种材料或亲本加以利用。

【濒危状况及保护措施建议】目前种植面积极小，建议异位妥善保存的同时，在当地适度推广种植，发展地方资源特色。

5 藤垟糯

【学　名】Gramineae（禾本科）*Oryza*（稻属）*Oryza sativa* subsp. *indica*（籼稻）。

【采集地】浙江省温州市苍南县。

【主要特征特性】属常规籼型糯稻。在杭州种植，全生育期约133.0天，株高116.0cm，穗长24.6cm，有效穗数242.5万穗/hm²，每穗粒数137.9粒，结实率90.3%，千粒重26.2g，谷粒细长形，谷粒长10.0mm，谷粒宽3.0mm，种皮白色，叶鞘绿色，无芒，颖尖黄色，颖黄色。当地农民认为该品种糯性较好。

【优异特性与利用价值】当地主要用于酿酒、加工糯米粉、制作炒米糕。可作为育种材料或亲本加以利用。

【濒危状况及保护措施建议】目前种植面积极小，建议异位妥善保存的同时，在当地适度推广种植，发展地方资源特色。

6 金糯

【学　名】Gramineae（禾本科）*Oryza*（稻属）*Oryza sativa* subsp. *indica*（籼稻）。

【采集地】浙江省丽水市云和县。

【主要特征特性】属常规籼型糯稻。在杭州种植，全生育期约133.0天，株高116.0cm，穗长24.6cm，有效穗数217.5万穗/hm²，每穗粒数145.4粒，结实率91.5%，千粒重26.0g，谷粒细长形，谷粒长9.5mm，谷粒宽2.9mm，种皮白色，叶鞘绿色，无芒，颖尖黄色，颖黄色。当地农民认为该品种高产，米质优，糯性好。

【优异特性与利用价值】当地主要用于煮制糯米饭，也用于酿酒。可作为育种材料或亲本加以利用。

【濒危状况及保护措施建议】目前分布范围窄，种植面积小，建议异位妥善保存的同时，在当地适度推广种植，发展地方资源特色。

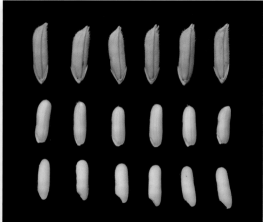

7 龙泉黑米

【学　名】Gramineae（禾本科）Oryza（稻属）Oryza sativa subsp. *indica*（籼稻）。
【采集地】浙江省丽水市龙泉市。

【主要特征特性】属常规籼型糯稻。在杭州种植，全生育期约133.0天，株高174.0cm，穗长27.4cm，有效穗数170.0万穗/hm²，每穗粒数114.4粒，结实率86.6%，千粒重27.2g，谷粒细长形，谷粒长10.1mm，谷粒宽3.1mm，种皮黑色，叶鞘绿色，无芒，颖尖黄色，颖银灰色。当地农民认为该品种米质优，营养价值高，产量低，不抗倒伏。

【优异特性与利用价值】可煮制成黑米粥食用。可作为育种材料或亲本加以利用。

【濒危状况及保护措施建议】目前分布少，种植面积小，建议异位妥善保存的同时，在当地适度推广种植，发展地方资源特色。

8 庆元糯稻

【学　名】Grameneae（禾本科）*Oryza*（稻属）*Oryza sativa* subsp. *indica*（籼稻）。
【采集地】浙江省丽水市庆元县。

【主要特征特性】属常规籼型糯稻。在杭州种植，全生育期约127.0天，株高107.7cm，穗长27.6cm，有效穗数200.0万穗/hm²，每穗粒数195.9粒，结实率85.4%，千粒重25.7g，谷粒中长形，谷粒长9.2mm，谷粒宽2.8mm，种皮白色，叶鞘绿色，无芒，颖尖黄色，颖黄色。当地农民认为该品种不耐肥，糯性好。

【优异特性与利用价值】可用于煮制糯米饭，也可用于酿酒。可作为育种材料或亲本加以利用。

【濒危状况及保护措施建议】目前种植面积极小，建议异位妥善保存的同时，在当地适度推广种植，发展地方资源特色。

9 三粒寸-1

【学 名】 Gramineae（禾本科）*Oryza*（稻属）*Oryza sativa* subsp. *indica*（籼稻）。

【采集地】 浙江省台州市仙居县。

【主要特征特性】 属常规籼型糯稻。在杭州种植，全生育期约127.0天，株高110.0cm，穗长24.5cm，有效穗数182.5万穗/hm²，每穗粒数150.0粒，结实率86.5%，千粒重26.4g，谷粒细长形，谷粒长9.5mm，谷粒宽2.6mm，种皮白色，叶鞘绿色，无芒，颖尖黄色，颖黄色。当地农民认为该品种籼糯，米粒细长，易种植，稻瘟病抗性强，抗寒性好。

【优异特性与利用价值】 当地主要用于制作麻糍、粽子及酿酒。可作为育种材料或亲本加以利用。

【濒危状况及保护措施建议】 目前当地种植面积较小，建议异位妥善保存的同时，在当地适度推广种植，发展地方资源特色。

10 三粒寸-2

【学　名】Gramineae（禾本科）*Oryza*（稻属）*Oryza sativa* subsp. *indica*（籼稻）。

【采集地】浙江省衢州市衢江区。

【主要特征特性】属常规籼型糯稻。在杭州种植，全生育期约133.0天，株高121.7cm，穗长24.5cm，有效穗数195.0万穗/hm²，每穗粒数141.1粒，结实率90.9%，千粒重25.6g，谷粒细长形，谷粒长9.8mm，谷粒宽2.8mm，种皮白色，叶鞘绿色，无芒，颖尖黄色、颖黄色。当地农民认为该品种糯性好，用于煮制糯米饭、酿酒等。

【优异特性与利用价值】食味优。当地主要用于煮制米饭食用，也用于酿酒。可作为育种材料或亲本加以利用。

【濒危状况及保护措施建议】目前种植面积小，建议异位妥善保存的同时，在当地适度推广种植，发展地方资源特色。

11 三粒寸-3

【学　名】 Gramineae（禾本科）Oryza（稻属）Oryza sativa subsp. indica（籼稻）。

【采集地】 浙江省衢州市江山市。

【主要特征特性】 属常规籼型糯稻。在杭州种植，全生育期约127.0天，株高115.7cm，穗长25.4cm，有效穗数250.0万穗/hm²，每穗粒数168.9粒，结实率91.5%，千粒重25.9g，谷粒细长形，谷粒长10.0mm，谷粒宽2.8mm，种皮白色，叶鞘绿色，无芒，颖尖黄色，颖黄色。当地农民认为该品种糯性一般，营养价值较高，稻秆及根还可药用。

【优异特性与利用价值】 分蘖较强，熟期转色好。当地主要用于制作粽子、八宝粥、各式甜品、甜酒酿等。可作为育种材料或亲本加以利用。

【濒危状况及保护措施建议】 目前在当地种植面积较小，建议异位妥善保存的同时，在当地适度推广种植，发展地方资源特色。

12 顺昌糯

【学　名】Gramineae（禾本科）*Oryza*（稻属）*Oryza sativa* subsp. *indica*（籼稻）。
【采集地】浙江省温州市苍南县。

【主要特征特性】属常规籼型糯稻。在杭州种植，全生育期约136.0天，株高114.7cm，穗长25.4cm，有效穗数267.6万穗/hm²，每穗粒数148.4粒，结实率90.0%，千粒重27.0g，谷粒细长形，谷粒长10.1mm，谷粒宽3.0mm，种皮白色，叶鞘绿色，无芒，颖尖黄色，颖黄色。当地农民认为该品种糯性较好。

【优异特性与利用价值】当地主要用于酿酒、加工糯米粉、制作炒米糕。可作为育种材料或亲本加以利用。

【濒危状况及保护措施建议】目前种植面积极小，建议异位妥善保存的同时，在当地适度推广种植，发展地方资源特色。

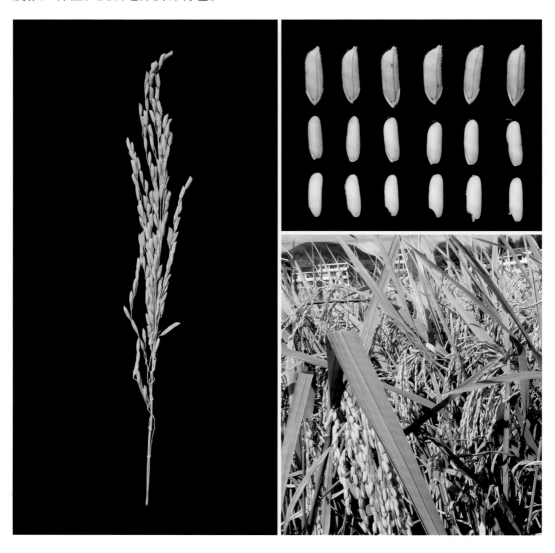

第 三 章

浙江省油菜种质资源

油菜是十字花科（Brassicaceae）芸薹属（*Brassica*）的一年生草本植物，主要包括甘蓝型油菜（*Brassica napus*）、白菜型油菜（*Brassica campestris*）和芥菜型油菜（*Brassica juncea*）。本书收录的油菜种质资源合计10份，其中甘蓝型油菜种质4份、白菜型油菜种质5份和芥菜型油菜种质1份，分别采集于浙江省温州市、衢州市、金华市、嘉兴市、杭州市和丽水市共6个地市的7个县（市、区）。田间鉴定分别于2019～2020年在浙江省农业科学院杭州试验基地进行，参照《油菜种质资源描述规范和数据标准》进行评价，主要调查了株高、第一次有效分枝部位、一次分枝数、二次分枝数、主花序有效长和有效角果数、单株有效角果数、每角粒数、角果长等农艺性状，测定了含油量、芥酸含量、硫苷含量和油酸含量。

本章介绍的10份油菜种质资源信息中【主要特征特性】所列农艺性状数据为2019～2020年田间鉴定数据的平均值。

1 瑞安黄籽

【学　名】Brassicaceae（十字花科）Brassica（芸薹属）Brassica campestris（白菜型油菜）。

【采集地】浙江省温州市瑞安市。

【主要特征特性】白菜型油菜。叶色淡绿，莲座期叶片多，花瓣侧叠，株高166.0cm，第一次有效分枝部位34.2cm，一次分枝数6.4个，二次分枝数13.6个，主花序有效长66.2cm，主花序有效角果数51.2个，单株有效角果数307.0个，每角粒数18.6粒，角果长4.6cm，含油量36.56%，芥酸含量19.78%，硫苷含量72.02μmol/g，油酸含量61.14%。当地农民认为该品种可以当蔬菜种植、食用，油香，抗病，抗虫，耐贫瘠。

【优异特性与利用价值】耐寒性好，菜籽油油品清澈，在白菜型油菜育种上具有利用价值。

【濒危状况及保护措施建议】白菜型油菜，当前生产上，甘蓝型油菜品种基本完全代替了白菜型油菜品种，濒临消失的危险性极高。建议妥善保存的同时，加强种质鉴定。

2 武义土油菜

【学 名】Brassicaceae（十字花科）Brassica（芸薹属）Brassica napus（甘蓝型油菜）。
【采集地】浙江省金华市武义县。

【主要特征特性】甘蓝型油菜。叶色绿，莲座期叶片较多，花瓣侧叠、皱缩，株高191.6cm，第一次有效分枝部位71.8cm，一次分枝数11.0个，二次分枝数4.0个，主花序有效长58.2cm，主花序有效角果数76.8个，单株有效角果数362.6个，每角粒数23.4粒，角果长15.0cm，含油量42.86%，芥酸含量20.69%，硫苷含量79.09.μmol/g，油酸含量60.56%。当地农民认为该品种抗病、耐寒。

【优异特性与利用价值】抗病性好，可作为抗病育种的重要资源。

【濒危状况及保护措施建议】甘蓝型油菜农家品种，当前生产上极为少见，濒临消失的危险性极高。建议妥善保存的同时，加强种质鉴定及利用。

3 建德油菜

【学　名】Brassicaceae（十字花科）*Brassica*（芸薹属）*Brassica napus*（甘蓝型油菜）。
【采集地】浙江省杭州市建德市。

【主要特征特性】甘蓝型油菜。叶色绿，花瓣侧叠、较大，株高180.4cm，第一次有效分枝部位56.2cm，一次分枝数9.0个，二次分枝数7.6个，主花序有效长56.0cm，主花序有效角果数70.0个，单株有效角果数433.4个，每角粒数23.9粒，角果长6.2cm，含油量42.01%，芥酸含量13.41%，硫苷含量45.76μmol/g，油酸含量61.55%。当地农民认为该品种产油率40%～50%（1000斤出油498斤，1斤=500g）。

【优异特性与利用价值】株型紧凑，一次分枝多，在甘蓝型油菜育种上具有利用价值。

【濒危状况及保护措施建议】已有50年的种植历史，当地仅有3户种植，濒临消失的危险性极高。建议妥善保存的同时，加强种质鉴定及利用。

4 大莱油菜

【学　名】Brassicaceae（十字花科）Brassica（芸薹属）Brassica napus（甘蓝型油菜）。
【采集地】浙江省金华市武义县。

【主要特征特性】甘蓝型油菜。叶色绿，苗期长势强，花瓣侧叠、较大，株高185.4cm，第一次有效分枝部位74.6cm，一次分枝数8.4个，二次分枝数3个，主花序有效长74.6cm，主花序有效角果数81.8个，单株有效角果数369.8个，每角粒数25.6粒，角果长6.3cm，含油量37.71%，芥酸含量20.05%，硫苷含量84.4.0μmol/g，油酸含量61.09%。当地农民认为该品种耐寒性佳。

【优异特性与利用价值】耐寒性好，在耐寒、耐迟播油菜品种选育上具有重要价值。

【濒危状况及保护措施建议】已有50年的种植历史，当地有50户种植，濒临消失的危险性极高。建议妥善保存的同时，加强种质鉴定及利用。

5 开化油菜-1

【学 名】Brassicaceae（十字花科）*Brassica*（芸薹属）*Brassica campestris*（白菜型油菜）。
【采集地】浙江省衢州市开化县。

【主要特征特性】白菜型油菜。叶色淡绿，苗期长势较强，花瓣分离，株高169.8cm，第一次有效分枝部位52.6cm，一次分枝数5.8个，二次分枝数7.0个，主花序有效长56.0cm，主花序有效角果数68.2个，单株有效角果数487.8个，每角粒数15.8粒，角果长5.0cm，含油量38.88%，芥酸含量21.68%，硫苷含量107.54μmol/g，油酸含量55.80%。当地农民认为该品种抗寒性佳。

【优异特性与利用价值】耐寒性好，菜籽油油品清澈，在白菜型油菜育种上具有利用价值。

【濒危状况及保护措施建议】已有30年的种植历史，当地有12户种植，濒临消失的危险性极高。建议妥善保存的同时，加强种质鉴定及利用。

6 开化油菜-2

【学　名】Brassicaceae（十字花科）Brassica（芸薹属）Brassica campestris（白菜型油菜）。
【采集地】浙江省衢州市开化县。

【主要特征特性】白菜型油菜。叶色淡绿，苗期长势较强，花瓣分离、较大，株高164.4cm，第一次有效分枝部位24.4cm，一次分枝数9.0个，二次分枝数11.4个，主花序有效长52.8cm，主花序有效角果数58.0个，单株有效角果数567.8个，每角粒数17.2粒，角果长4.4cm，含油量40.24%，芥酸含量25.91%，硫苷含量86.96μmol/g，油酸含量60.02%。当地农民认为该品种品质优、抗性好、耐寒、耐贫瘠。

【优异特性与利用价值】耐寒性好、耐贫瘠，在白菜型油菜育种上具有利用价值。

【濒危状况及保护措施建议】已有30年的种植历史，当地有12户种植，当前生产上，甘蓝型油菜品种基本完全代替了白菜型油菜品种，濒临消失的危险性极高。建议妥善保存的同时，加强种质鉴定及利用。

7 东阳野生油菜
【学 名】Brassicaceae（十字花科）*Brassica*（芸薹属）*Brassica Juncea*（芥菜型油菜）。
【采集地】浙江省金华市东阳市。

【主要特征特性】芥菜型油菜。叶色淡绿，苗期长势较强，花瓣分离、很小，株高169.2cm，第一次有效分枝部位14.8cm，一次分枝数10.0个，二次分枝数26.8个，主花序有效长66.0cm，主花序有效角果数60.0个，单株有效角果数1487.6个，每角粒数11.2粒，角果长2.3cm，含油量35.40%，芥酸含量15.50%，硫苷含量126.42μmol/g，油酸含量54.38%。

【优异特性与利用价值】耐寒性好，菜籽油油品清澈，在芥菜型油菜育种上具有利用价值。

【濒危状况及保护措施建议】芥菜型油菜品种，当前生产上，甘蓝型油菜品种基本完全代替了芥菜型油菜品种，濒临消失的危险性极高。建议妥善保存的同时，加强种质鉴定及利用。

8 海盐土油菜

【学　名】Brassicaceae（十字花科）Brassica（芸薹属）Brassica campestris（白菜型油菜）。
【采集地】浙江省嘉兴市海盐县。

【主要特征特性】白菜型油菜。叶色淡绿，苗期长势较强，花瓣分离，株高152.4cm，第一次有效分枝部位17.2cm，一次分枝数8.4个，二次分枝数13.0个，主花序有效长56.8cm，主花序有效角果数47.4个，单株有效角果数468.2个，每角粒数15.2粒，角果长5.4cm，含油量41.15%，芥酸含量24.93%，硫苷含量81.38μmol/g，油酸含量62.06%。

【优异特性与利用价值】耐寒性好，在白菜型油菜育种上具有利用价值。

【濒危状况及保护措施建议】白菜型油菜品种，当前生产上，甘蓝型油菜品种基本完全代替了白菜型油菜品种，濒临消失的危险性极高。建议妥善保存的同时，加强种质鉴定及利用。

9 景宁油菜

【学　名】 Brassicaceae（十字花科）*Brassica*（芸薹属）*Brassica napus*（甘蓝型油菜）。

【采集地】 浙江省丽水市景宁县。

【主要特征特性】 甘蓝型油菜。叶色淡绿，苗期长势较强，花瓣分离，株高186.6cm，第一次有效分枝部位84.8cm，一次分枝数9.8个，二次分枝数1.0个，主花序有效长51.6cm，主花序有效角果数64.4个，单株有效角果数309.0个，每角粒数23.64粒，角果长6.2cm，含油量42.27%，芥酸含量2.85%，硫苷含量27.72μmol/g，油酸含量65.68%。

【优异特性与利用价值】 籽粒油光漂亮，在菜籽外观育种方面具有利用价值。

【濒危状况及保护措施建议】 甘蓝型油菜品种，当地仅有6户种植，大约2亩，濒临消失的危险性极高。建议妥善保存的同时，加强种质鉴定及利用。

10 瑞安油菜

【学　名】Brassicaceae（十字花科）Brassica（芸薹属）Brassica campestris（白菜型油菜）。
【采集地】浙江省温州市瑞安市。

【主要特征特性】白菜型油菜。叶色淡绿，花瓣侧叠，株高177.0cm，第一次有效分枝部位11.0cm，一次分枝数15.0个，二次分枝数14.0个，主花序有效长49.0cm，主花序有效角果数50.0个，单株有效角果数414.0个，每角粒数16.6粒，角果长6.4cm，含油量41.03%，芥酸含量26.34%，硫苷含量59.2μmol/g，油酸含量55.57%。

【优异特性与利用价值】耐寒性好、耐贫瘠，在白菜型油菜育种上具有利用价值。

【濒危状况及保护措施建议】白菜型油菜，当前生产上，甘蓝型油菜品种基本完全代替了白菜型油菜品种，当地仅有10户种植，大约30亩，濒临消失的危险性极高。建议妥善保存的同时，加强种质鉴定。

第 四 章

浙江省花生种质资源

　　花生（peanut）原名落花生（*Arachis hypogaea*），是我国产量丰富、食用广泛的一种坚果，又名"长生果"。花生属于豆科（Leguminosae）蝶形花亚科（Papilionatae）落花生属（*Arachis*），该属约70种，为一年生草本植物。落花生属只有一个栽培种，其他全部是野生种，起源于南美洲大陆，包含大批二倍体种（$2n=2x$）和少量的四倍体种（$2n=4x$）。

　　本书收录的花生种质资源合计13份，分别采集自浙江省杭州市、绍兴市、宁波市、温州市、丽水市和衢州市共6个地级市的9个县（市、区）。田间鉴定分别于2019～2021年在浙江省农业科学院杭州试验基地进行，参照《花生种质资源描述规范和数据标准》进行评价，主要调查了全生育期、单株结果数、单株分枝数、种皮颜色、百仁重、种子形状、叶形、茎秆色、产量等农艺性状。

　　本章介绍的13份花生种质资源信息中【主要特征特性】所列农艺性状数据为2019～2021年田间鉴定数据的平均值。

1 小京生

【学 名】Leguminosae（豆科）*Arachis*（落花生属）*Arachis hypogaea*（花生）。

【采集地】浙江省绍兴市新昌县。

【主要特征特性】植株蔓生，晚熟，抗病性和耐干旱能力强。花及旗瓣黄色，龙骨瓣淡黄色，花药黄色，主茎开花不结果，典型的龙生型花生。叶绿色，椭圆形。茎秆绿色，少茸毛。单株分枝数9.6个，侧枝结果，单株结果数36.5个，荚果主要为二粒荚，存在个别三粒荚。荚果果嘴鹰嘴状特征明显。种子柱形，种皮粉红色，无裂纹，百仁重65.5g。4月上中旬播种，采收期8月中下旬，播种至收获约133.5天，荚果亩产量182.5kg。田间表现高抗青枯病，抗锈病。小京生为新昌县名优特色花生，也是新昌县地理标志产品，风味独特，是我国花生优异种质资源，在新昌县、嵊州市享有盛誉。

【优异特性与利用价值】蔓生型，龙生型花生，荚果果型优美，果嘴鹰嘴状特征明显，加工风味清香不油腻，高抗青枯病，具有较高的育种利用价值。

【濒危状况及保护措施建议】在绍兴市新昌县、嵊州市及其周边的永嘉县、仙居县、东阳市等的各乡镇均有种植。在异位妥善保存的同时，建议适当扩大种植面积。

2 直立小京生（京立8号）

【学 名】Leguminosae（豆科）*Arachis*（落花生属）*Arachis hypogaea*（花生）。

【采集地】浙江省绍兴市新昌县。

【主要特征特性】植株直立，中熟，抗病性强。花及旗瓣黄色，龙骨瓣淡黄色，花药黄色。叶绿色，椭圆形。茎秆绿色，少茸毛。单株分枝数8.3个，侧枝结果，单株结果数18.3个，荚果三粒荚、四粒荚居多。荚果果嘴鹰嘴状特征明显。种子圆形，种皮粉红色，无裂纹，百仁重63.8g，果型类似小京生。4月上中旬播种，采收期8月初，播种至收获约121.5天，荚果亩产量161.2kg。田间表现高抗青枯病，抗锈病。直立型，适合高密度种植，也是我国小花生优异种质资源。

【优异特性与利用价值】直立型，荚果果型优美，果嘴鹰嘴状特征明显，加工风味清香不油腻，高抗青枯病，具有较高的育种利用价值。

【濒危状况及保护措施建议】在绍兴市新昌县及周边县的乡镇均有种植。在异位妥善保存的同时，建议适当扩大种植面积。

3 麻皮花生

【学　名】Leguminosae（豆科）*Arachis*（落花生属）*Arachis hypogaea*（花生）。

【采集地】浙江省绍兴市新昌县。

【主要特征特性】植株半蔓生型，偏早熟，抗病性强。花及旗瓣黄色，龙骨瓣淡黄色，花药黄色。叶绿色，椭圆形。茎秆绿色，少茸毛。单株分枝数9.1个，侧枝结果，单株结果数23.3个，荚果主要为三粒荚、四粒荚，荚果果嘴鹰嘴状特征明显，荚果网纹深。种子圆形，种皮粉红色，无裂纹，百仁重58.8g。4月上中旬播种，采收期8月上中旬，播种至收获约127.3天，荚果亩产量172.2kg。田间表现抗青枯病，抗锈病。麻皮花生以网纹深著称，适合鲜食用途，炒货加工风味独特，是我国多粒荚小花生优异种质资源。

【优异特性与利用价值】半蔓生型，荚果网纹深，果嘴鹰嘴状特征明显，适合鲜食，加工风味独特，抗青枯病，具有较高的育种利用价值。

【濒危状况及保护措施建议】在绍兴市新昌县及周边县的乡镇均有种植。在异位妥善保存的同时，建议适当扩大种植面积。

4 四粒红花生

【学　名】Leguminosae（豆科）*Arachis*（落花生属）*Arachis hypogaea*（花生）。

【采集地】浙江省宁波市慈溪市。

【主要特征特性】植株蔓生，早熟，抗病性一般。花及旗瓣黄色，龙骨瓣淡黄色，花药黄色。叶绿色，菱形。茎秆绿色，有茸毛。单株分枝数6.4个，侧枝结果，单株结果数11.6个，荚果三粒荚、四粒荚居多。荚果果嘴鹰嘴状特征不明显，荚果网纹浅。种子圆形，种皮深红色，无裂纹，百仁重68.2g。4月上中旬播种，采收期7月底8月初，播种至收获约116.5天，荚果亩产量171.2kg。田间表现抗病性中等，易感锈病。早熟性突出，适合高密度种植，鲜食风味优，是我国多粒荚花生优异种质资源。

【优异特性与利用价值】蔓生型，荚果网纹浅，果型优美，多粒荚，果嘴鹰嘴状特征不明显，种皮深红色，适合鲜食，抗病性中等，具有较高的育种利用价值。

【濒危状况及保护措施建议】在宁波市慈溪市及周边县的乡镇均有种植。在异位妥善保存的同时，建议适当扩大种植面积。

5 衢江土花生

【学　名】Leguminosae（豆科）*Arachis*（落花生属）*Arachis hypogaea*（花生）。
【采集地】浙江省衢州市衢江区。

【主要特征特性】植株直立，中熟，耐旱性强。花及旗瓣黄色，龙骨瓣淡黄色，花药黄色。叶绿色，椭圆形。茎秆绿色，茸毛少。单株分枝数9.6个，侧枝结果，单株结果数26.3个，荚果二粒荚。荚果果嘴钝化，荚果网纹浅。种子圆形，种皮粉红色，无裂纹，百仁重66.8g。4月上中旬播种，采收期8月初，播种至收获约123.1天，荚果亩产量213.2kg。田间表现抗病性中等，易感锈病。适合高密度种植，炒货加工品质优，是炒货加工型花生优异种质资源。

【优异特性与利用价值】直立型，荚果网纹浅，果型优美，二粒荚，果嘴钝化，适合炒货加工，抗病性中等，具有较高的育种利用价值。

【濒危状况及保护措施建议】在衢州市衢江区及周边乡镇均有种植。在异位妥善保存的同时，建议适当扩大种植面积。

6 衢江黑花生

【学　名】Leguminosae（豆科）*Arachis*（落花生属）*Arachis hypogaea*（花生）。
【采集地】浙江省衢州市衢江区。

【主要特征特性】植株蔓生，晚熟。花及旗瓣深黄色兼紫色纹理，龙骨瓣浅黑色，花药深黄色。叶绿色，椭圆形。茎秆绿色，茸毛少。单株分枝数8.2个，侧枝结果，单株结果数15.8个，荚果二粒荚。荚果果嘴鹰嘴状特征明显，荚果网纹中等。种子圆柱形，种皮深紫色，无裂纹，百仁重103.2g。4月上中旬播种，采收期8月底，播种至收获约135.3天，荚果亩产量231.2kg。田间表现抗病性中等，易感锈病、白绢病。适合炒货加工、鲜食，是特色花生优异种质资源。

【优异特性与利用价值】蔓生型，荚果网纹中等，大果型，晚熟，二粒荚，果嘴鹰嘴状特征明显，种皮深紫色，适合炒货加工及鲜食，抗病性中等，具有较高的育种利用价值。

【濒危状况及保护措施建议】在衢州市衢江区及周边乡镇均有种植。在异位妥善保存的同时，建议适当扩大种植面积。

7 大门花生

【学　名】Leguminosae（豆科）*Arachis*（落花生属）*Arachis hypogaea*（花生）。
【采集地】浙江省温州市洞头区。

【主要特征特性】植株半蔓生，中熟。花及旗瓣黄色，龙骨瓣淡黄色，花药黄色。叶绿色，椭圆形。茎秆绿色，茸毛少。单株分枝数9.1个，侧枝结果，单株结果数20.1个，荚果二粒荚、三粒荚居多，荚果果嘴鹰嘴状特征明显，荚果网纹少，果皮较光滑。种子圆形，种皮粉红色，无裂纹，百仁重63.2g。4月上中旬播种，采收期8月上旬，播种至收获约121.3天，荚果亩产量211.6kg。田间表现抗病性中等，易感锈病。适合炒货加工、鲜食，是特色花生优异种质资源。

【优异特性与利用价值】半蔓生型，荚果网纹少，果皮较光滑，小果型，中熟，二粒荚、三粒荚居多，果嘴鹰嘴状特征明显，适合炒货加工及鲜食，抗病性中等，具有较高的育种利用价值。

【濒危状况及保护措施建议】在温州市洞头区及周边乡镇均有种植。在异位妥善保存的同时，建议适当扩大种植面积。

8 淳安落花生

【学 名】Leguminosae（豆科）Arachis（落花生属）Arachis hypogaea（花生）。
【采集地】浙江省杭州市淳安县。

【主要特征特性】植株蔓生，晚熟。花及旗瓣黄色，龙骨瓣淡黄色，花药黄色。叶绿色，椭圆形。茎秆绿色，茸毛少。单株分枝数8.6个，侧枝结果，单株结果数25.1个，荚果二粒荚。荚果果嘴鹰嘴状性状中等，荚果网纹少，果皮较光滑。种子圆形，种皮粉红色，无裂纹，百仁重69.7g。4月上中旬播种，采收期8月中下旬，播种至收获约129.3天，荚果亩产量226.6kg。田间表现抗病性强，耐涝性优良。适合炒货加工、鲜食，是特色花生优异种质资源。

【优异特性与利用价值】蔓生型，荚果网纹少，果皮较光滑，小果型，晚熟，二粒荚，果嘴鹰嘴状性状中等，适合炒货加工及鲜食，抗病性强，具有较高的育种利用价值。

【濒危状况及保护措施建议】在杭州市淳安县及周边乡镇均有种植。在异位妥善保存的同时，建议适当扩大种植面积。

9 细籽花生

【学　名】Leguminosae（豆科）Arachis（落花生属）Arachis hypogaea（花生）。

【采集地】浙江省杭州市富阳区。

【主要特征特性】植株蔓生，晚熟。花及旗瓣黄色，龙骨瓣淡黄色，花药黄色。叶绿色，椭圆形。茎秆绿色，茸毛少。单株分枝数9.8个，侧枝结果，单株结果数38.1个，荚果二粒荚。荚果果嘴鹰嘴状特征明显，荚果网纹少，果皮较光滑。种子柱形，种皮粉红色，无裂纹，百仁重66.7g。4月上中旬播种，采收期8月中下旬，播种至收获约133.5天，荚果亩产量162.6kg。田间表现抗病性强，耐涝性优良。适合炒货加工、鲜食，是花生优异种质资源。

【优异特性与利用价值】蔓生型，荚果网纹少，果皮较光滑，小果型，晚熟，二粒荚，果嘴鹰嘴状特征明显，适合炒货加工及鲜食，具有较高的育种利用价值。

【濒危状况及保护措施建议】在杭州市富阳区、临安区及周边乡镇均有种植。在异位妥善保存的同时，建议适当扩大种植面积。

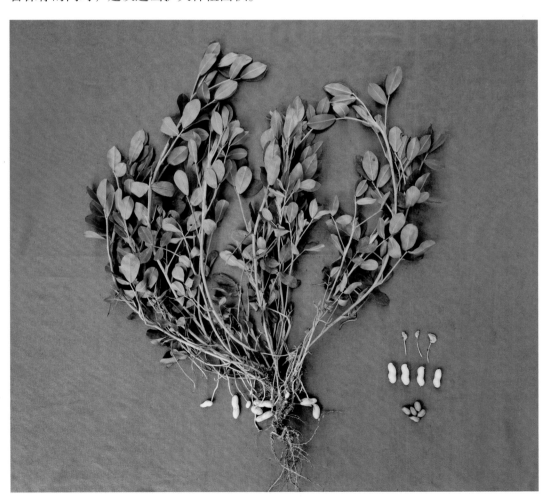

10 大粒细籽花生

【学　名】Leguminosae（豆科）Arachis（落花生属）Arachis hypogaea（花生）。
【采集地】浙江省杭州市富阳区。

【主要特征特性】植株半蔓生，中熟。花及旗瓣黄色，龙骨瓣淡黄色，花药黄色。叶绿色，椭圆形。茎秆绿色，茸毛少。单株分枝数11.2个，侧枝结果，单株结果数33.1个，荚果二粒荚。荚果果嘴鹰嘴状特征明显，荚果网纹少，果皮较光滑。种子柱形，种皮粉红色，无裂纹，百仁重81.3g。4月上中旬播种，采收期8月中旬，播种至收获约124.5天，荚果亩产量222.6kg。田间表现抗病性强，耐涝性优良。适合炒货加工、鲜食，是花生优异种质资源。

【优异特性与利用价值】半蔓生型，荚果网纹少，果皮较光滑，中果型，中熟，二粒荚，果嘴鹰嘴状特征明显，适合炒货加工及鲜食，具有较高的育种利用价值。

【濒危状况及保护措施建议】在杭州市富阳区、临安区及周边乡镇均有种植。在异位妥善保存的同时，建议适当扩大种植面积。

11 建德小花生
【学　名】Leguminosae（豆科）*Arachis*（落花生属）*Arachis hypogaea*（花生）。
【采集地】浙江省杭州市建德市。

【主要特征特性】植株直立，中熟。花及旗瓣黄色，龙骨瓣淡黄色，花药黄色。叶绿色，椭圆形。茎秆绿色，茸毛少。单株分枝数7.3个，侧枝结果，单株结果数15.1个，荚果二粒荚。荚果果嘴鹰嘴状特征不明显，荚果网纹少，果皮较光滑。种子圆形，种皮粉红色，无裂纹，百仁重65.3g。4月上中旬播种，采收期8月中下旬，播种至收获约125.5天，荚果亩产量183.6kg。田间表现抗病性强。适合炒货加工、鲜食，是花生优异种质资源。

【优异特性与利用价值】直立型，荚果网纹少，果皮较光滑，小果型，中熟，二粒荚，果嘴鹰嘴状特征不明显，适合炒货加工及鲜食，具有较高的育种利用价值。

【濒危状况及保护措施建议】在杭州市建德市及周边乡镇均有种植。在异位妥善保存的同时，建议适当扩大种植面积。

12 立笼籽花生

【学　名】Leguminosae（豆科）*Arachis*（落花生属）*Arachis hypogaea*（花生）。
【采集地】浙江省丽水市莲都区。

【主要特征特性】植株直立，中熟。花及旗瓣黄色，龙骨瓣淡黄色，花药黄色。叶绿色，椭圆形。茎秆绿色，茸毛少。单株分枝数6.9个，侧枝结果，单株结果数17.3个，荚果二粒荚。荚果果嘴鹰嘴状特征不明显，荚果网纹少。种子圆形，种皮粉红色，无裂纹，百仁重76.3g。4月上中旬播种，采收期8月中旬，播种至收获约123.2天，荚果亩产量193.6kg。田间表现抗病性强。适合炒货加工，是花生优异种质资源。

【优异特性与利用价值】直立型，荚果网纹少，中熟，二粒荚，果嘴鹰嘴状特征不明显，适合炒货加工，具有较高的育种利用价值。

【濒危状况及保护措施建议】在丽水市莲都区及周边乡镇均有种植。在异位妥善保存的同时，建议适当扩大种植面积。

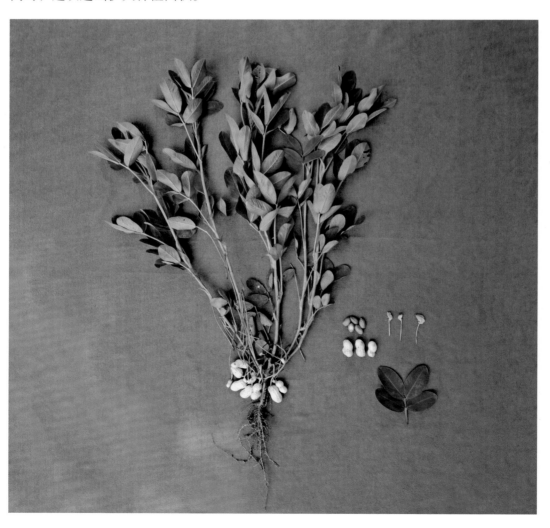

13 景宁小花生
【学　名】Leguminosae（豆科）*Arachis*（落花生属）*Arachis hypogaea*（花生）。
【采集地】浙江省丽水市景宁县。

【主要特征特性】植株直立，中熟。花及旗瓣黄色，龙骨瓣淡黄色，花药黄色。叶绿色，椭圆形。茎秆绿色，茸毛少。单株分枝数7.9个，侧枝结果，单株结果数19.3个，荚果二粒荚。荚果果嘴鹰嘴状特征不明显，荚果网纹少。种子圆形，种皮粉红色，无裂纹，百仁重65.3g。4月上中旬播种，采收期8月中旬，播种至收获约124.6天，荚果亩产量173.1kg。田间表现抗病性强。适合炒货加工，是花生优异种质资源。

【优异特性与利用价值】直立型，荚果网纹少，中熟，二粒荚，果嘴鹰嘴状特征不明显，适合炒货加工，具有较高的育种利用价值。

【濒危状况及保护措施建议】在丽水市景宁县及周边乡镇均有种植。在异位妥善保存的同时，建议适当扩大种植面积。

第 五 章

浙江省芝麻种质资源

芝麻（*Sesamum indicum*）是胡麻科（Pedaliaceae）胡麻属（*Sesamum*）的一年生草本植物，是最古老的油料作物之一。本书收录的芝麻种质资源合计38份，其中黑芝麻24份、白芝麻12份、黄芝麻1份和红芝麻1份，分别采集自浙江省杭州市、嘉兴市、宁波市、衢州市、金华市、丽水市、绍兴市、温州市和舟山市共9个地级市的19个县（市、区）。田间鉴定分别于2019～2020年在浙江省农业科学院杭州试验基地进行，参照《芝麻种质资源描述规范和数据标准》进行评价，主要调查了叶色、叶序、叶形、叶角、花冠颜色、裂蒴性、主茎始蒴高度、主茎果轴长度、节间长度、有效果节数、蒴果棱数、蒴果大小、单株蒴果数、每蒴粒数、种皮颜色、千粒重等。

本章介绍的38份芝麻种质资源信息中【主要特征特性】所列农艺性状数据为2019～2020年田间鉴定数据的平均值。

1 红油麻

【学　名】Pedaliaceae（胡麻科）*Sesamum*（胡麻属）*Sesamum indicum*（芝麻）。
【采集地】浙江省杭州市淳安县。

【主要特征特性】红芝麻。叶色绿，叶片对生，柳叶形，平展，单花或三花，花色白色，蒴果成熟时不开裂；无分枝，主茎始蒴高度32.5cm，主茎果轴长度91.0cm，节间长度25.5cm，有效果节数38.5节，蒴果棱数4棱，蒴果大小2.1cm×1.7cm，单株蒴果数89.5个，每蒴粒数76.0粒，千粒重1.2g，单株种子产量23.0g。

【优异特性与利用价值】种皮为红色，在芝麻特色用途育种上有利用价值。

【濒危状况及保护措施建议】具有100多年的种植历史，当地仅有50户种植，存在濒临消失的危险性。建议妥善保存的同时，扩大种植面积，加强种质鉴定和育种利用。

2 桐乡芝麻

【学 名】Pedaliaceae（胡麻科）*Sesamum*（胡麻属）*Sesamum indicum*（芝麻）。

【采集地】浙江省嘉兴市桐乡市。

【主要特征特性】黑芝麻。叶色绿，叶片对生，披针形，平展或向下，单花，花色白色，蒴果成熟时不开裂；有分枝，主茎始蒴高度68.0cm，主茎果轴长度78.5cm，节间长度38.0cm，有效果节数27.5节，蒴果棱数4棱，蒴果大小2.4cm×1.9cm，单株蒴果数116.0个，每蒴粒数73.0粒，千粒重1.5g，单株种子产量29.1g。当地农民认为该品种品质优。

【优异特性与利用价值】蒴果较大，千粒重较大，在芝麻高产育种上有利用价值。

【濒危状况及保护措施建议】种植户数较少，具有较高的濒临消失的危险性。建议妥善保存的同时，加强种质鉴定和育种利用。

3 淳安白芝麻

【学　名】Pedaliaceae（胡麻科）*Sesamum*（胡麻属）*Sesamum indicum*（芝麻）。
【采集地】浙江省杭州市淳安县。

【主要特征特性】白芝麻。叶色深绿，叶片对生，卵形，直立，三花，花色白色，蒴果成熟时轻裂；无分枝，主茎始蒴高度59.5cm，主茎果轴长度84.5cm，节间长度29.0cm，有效果节数28.5节，蒴果棱数4棱或8棱，蒴果大小1.5cm×1.2cm，单株蒴果数71.0个，每蒴粒数107.5粒，千粒重1.3g，单株种子产量28.9g。当地农民认为该品种壳薄，出油率高达50%。

【优异特性与利用价值】出油率高，千粒重较大，在芝麻高油育种上有利用价值。

【濒危状况及保护措施建议】种植面积较小，仅20亩左右，具有较高的濒临消失的危险性。建议妥善保存的同时，扩大种植面积，加强种质鉴定和育种利用。

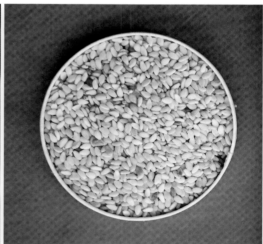

4 平湖芝麻

【学 名】Pedaliaceae（胡麻科）*Sesamum*（胡麻属）*Sesamum indicum*（芝麻）。
【采集地】浙江省嘉兴市平湖市。

【主要特征特性】黑芝麻。叶色深绿，叶片对生，卵形，直立，三花，花色白色，蒴果成熟时轻裂；有分枝，主茎始蒴高度44.0cm，主茎果轴长度78.5cm，节间长度39.5cm，有效果节数26.5节，蒴果棱数6棱，蒴果大小1.6cm×1.2cm，单株蒴果数142.5个，每蒴粒数123.0粒，千粒重1.2g，单株种子产量44.3g。

【优异特性与利用价值】单株蒴果数多，每蒴粒数多，单株产量较高，在芝麻高产育种上有利用价值。

【濒危状况及保护措施建议】种植面积较小，具有较高的濒临消失的危险性。建议妥善保存的同时，加强种质鉴定和育种利用。

5 宁海白芝麻

【学　名】Pedaliaceae（胡麻科）*Sesamum*（胡麻属）*Sesamum indicum*（芝麻）。
【采集地】浙江省宁波市宁海县。

【主要特征特性】白芝麻。叶色绿，叶片对生，披针形，平展，单花，花色白色，蒴果成熟时不开裂；有分枝，主茎始蒴高度52.5cm，主茎果轴长度43.5cm，节间长度38.5cm，有效果节数17.5节，蒴果棱数4棱，蒴果大小2.2cm×1.7cm，单株蒴果数79.0个，每蒴粒数69.0粒，千粒重1.2g，单株种子产量20.7g。

【优异特性与利用价值】植株矮，抗倒性强，在芝麻抗性育种上有利用价值。

【濒危状况及保护措施建议】种植面积较小，种植范围窄，存在濒临消失的危险性。建议妥善保存的同时，加强种质鉴定和育种利用。

6 宁海乌芝麻-1

【学　名】Pedaliaceae（胡麻科）Sesamum（胡麻属）Sesamum indicum（芝麻）。
【采集地】浙江省宁波市宁海县。

【主要特征特性】黑芝麻。叶色绿，叶片对生，披针形，平展，三花，花色白色，蒴果成熟时不开裂；无分枝，主茎始蒴高度84.0cm，主茎果轴长度70.5cm，节间长度26.5cm，有效果节数29.0节，蒴果棱数4棱，蒴果大小1.8cm×1.3cm，单株蒴果数129.5个，每蒴粒数71.0粒，千粒重1.2g，单株种子产量37.8g。

【优异特性与利用价值】单株蒴果数较多，植株高大，在芝麻育种上有利用价值。

【濒危状况及保护措施建议】种植范围较窄，面积较小，存在濒临消失的危险性。建议妥善保存的同时，加强种质鉴定和育种利用。

7 宁海乌芝麻-2

【学 名】Pedaliaceae（胡麻科）*Sesamum*（胡麻属）*Sesamum indicum*（芝麻）。
【采集地】浙江省宁波市宁海县。

【主要特征特性】黑芝麻。叶色绿，叶片对生，柳叶形或披针形，直立，单花，花色白色，蒴果成熟时不开裂；无分枝，主茎始蒴高度55.5cm，主茎果轴长度65.5cm，节间长度27.5cm，有效果节数26.5节，蒴果棱数4棱，蒴果大小2.7cm×1.7cm，单株蒴果数125.0个，每蒴粒数72.0粒，千粒重1.3g，单株种子产量37.6g。当地农民认为该品种蒴果较大，品质优。

【优异特性与利用价值】蒴果较大，品质优，在芝麻品质育种上有利用价值。

【濒危状况及保护措施建议】在当地种植户数不多，存在濒临消失的危险性。建议妥善保存的同时，加强种质鉴定和育种利用。

8 盘芝麻

【学　名】Pedaliaceae（胡麻科）*Sesamum*（胡麻属）*Sesamum indicum*（芝麻）。
【采集地】浙江省宁波市宁海县。

【主要特征特性】黑芝麻。叶色绿，叶片对生，柳叶形，直立，三花，花色白色，蒴果成熟时易开裂；无分枝，主茎始蒴高度43.5cm，主茎果轴长度50.0cm，节间长度25.0cm，有效果节数31.0节，蒴果棱数4棱，蒴果大小2.7cm×1.2cm，单株蒴果数105.0个，每蒴粒数125.5粒，千粒重1.1g，单株种子产量47.6g。

【优异特性与利用价值】蒴果较大，单株蒴果数多，每蒴粒数多，植株较矮，在芝麻高产和矮秆育种上有利用价值。

【濒危状况及保护措施建议】在当地仅有1户种植，面积不足1亩，具有45年的种植历史，存在濒临消失的危险性。建议妥善保存的同时，加强种质鉴定和育种利用。

9 土种白油麻

【学　名】Pedaliaceae（胡麻科）*Sesamum*（胡麻属）*Sesamum indicum*（芝麻）。
【采集地】浙江省杭州市桐庐县。

【主要特征特性】白芝麻。叶色绿，叶片对生，披针形，直立，三花，花色白色，蒴果成熟时不开裂；有分枝，主茎始蒴高度44.5cm，主茎果轴长度57.0cm，节间长度24.5cm，有效果节数24.0节，蒴果棱数4棱，蒴果大小1.6cm×1.1cm，单株蒴果数97.0个，每蒴粒数65.5粒，千粒重1.3g，单株种子产量18.2g。当地农民认为该品种适宜作加工原料。

【优异特性与利用价值】植株较矮，节间长度小，蒴果密，在芝麻矮秆育种上有利用价值。

【濒危状况及保护措施建议】种植面积小，种植户数少，存在濒临消失的危险性。建议妥善保存的同时，加强种质鉴定和育种利用。

10 淳安黑芝麻

【学　名】Pedaliaceae（胡麻科）*Sesamum*（胡麻属）*Sesamum indicum*（芝麻）。
【采集地】浙江省杭州市淳安县。

【主要特征特性】黑芝麻。叶色绿，叶片对生，披针形，平展，单花或三花，花色白色，蒴果成熟时不开裂；无分枝，主茎始蒴高度30.0cm，主茎果轴长度72.5cm，节间长度32.5cm，有效果节数27.0节，蒴果棱数4棱，蒴果大小2.0cm×0.9cm，单株蒴果数144.0个，每蒴粒数70.0粒，千粒重1.1g，单株种子产量38.6g。

【优异特性与利用价值】单株蒴果数较多，产量较高，在芝麻高产育种上有利用价值。

【濒危状况及保护措施建议】具有40多年的种植历史，当地仅有100户种植，存在濒临消失的危险性。建议妥善保存的同时，加强种质鉴定和育种利用。

11 建德黑芝麻

【学 名】Pedaliaceae（胡麻科）*Sesamum*（胡麻属）*Sesamum indicum*（芝麻）。
【采集地】浙江省杭州市建德市。

【主要特征特性】黑芝麻。叶色绿，叶片对生，柳叶形，平展，单花或三花，花色白色，蒴果成熟时易开裂；有分枝，主茎始蒴高度70.0cm，主茎果轴长度63.5cm，节间长度33.5cm，有效果节数23.0节，蒴果棱数4棱或8棱，蒴果大小1.4cm×1.1cm，单株蒴果数93.5个，每蒴粒数153.5粒，千粒重1.3g，单株种子产量41.6g。

【优异特性与利用价值】每蒴粒数多，单株产量高，在芝麻高产育种上有利用价值。

【濒危状况及保护措施建议】具有20多年的种植历史，当地仅有20户种植，存在濒临消失的危险性。建议妥善保存的同时，加强种质鉴定和育种利用。

12 开化黑芝麻-1

【学　名】Pedaliaceae（胡麻科）Sesamum（胡麻属）Sesamum indicum（芝麻）。

【采集地】浙江省衢州市开化县。

【主要特征特性】黑芝麻。叶色绿，叶片对生，披针形，平展，单花或三花，花色白色，蒴果成熟时不开裂；有分枝，主茎始蒴高度41.5cm，主茎果轴长度78.0cm，节间长度28.5cm，有效果节数32.5节，蒴果棱数4棱，蒴果大小2.0cm×1.2cm，单株蒴果数172.5个，每蒴粒数79.5粒，千粒重1.3g，单株种子产量54.1g。

【优异特性与利用价值】单株蒴果数多，千粒重大，产量高，产油量高，在芝麻高产育种上有利用价值。

【濒危状况及保护措施建议】具有50多年的种植历史，当地仅有40户种植，存在濒临消失的危险性。建议妥善保存的同时，加强种质鉴定和育种利用。

13 开化黑芝麻-2

【学 名】Pedaliaceae（胡麻科）*Sesamum*（胡麻属）*Sesamum indicum*（芝麻）。

【采集地】浙江省衢州市开化县。

【主要特征特性】黑芝麻。叶色绿，叶片对生，柳叶形，平展，三花，花色白色，蒴果成熟时不开裂；有分枝，主茎始蒴高度34.5cm，主茎果轴长度110.0cm，节间长度33.5cm，有效果节数33.5节，蒴果棱数4棱，蒴果大小2.7cm×2.0cm，单株蒴果数155.0个，每蒴粒数79.0粒，千粒重1.4g，单株种子产量42.6g。当地农民认为该品种用于制作麻糍或芝麻糖，常为孕妇所食用。

【优异特性与利用价值】蒴果大，千粒重大，产量高，在芝麻高产育种上有利用价值。

【濒危状况及保护措施建议】具有40多年种植历史，当地仅有20户种植，存在濒临消失的危险性。建议妥善保存的同时，加强种质鉴定和育种利用。

14 四角芝麻

【学　名】Pedaliaceae（胡麻科）*Sesamum*（胡麻属）*Sesamum indicum*（芝麻）。
【采集地】浙江省衢州市衢江区。

【主要特征特性】黑芝麻。叶色深绿，叶片对生，柳叶形，直立，单花，花色白色略带粉红色，蒴果成熟时轻裂；无分枝，主茎始蒴高度41.5cm，主茎果轴长度75.5cm，节间长度28.0cm，有效果节数36.0节，蒴果棱数8棱，蒴果大小3.1cm×1.3cm，单株蒴果数104.5个，每蒴粒数170.0粒，千粒重1.3g，单株种子产量25.7g。当地农民认为该品种叶片可食用。

【优异特性与利用价值】长势强，叶色深绿，在芝麻叶片食用育种上有利用价值。

【濒危状况及保护措施建议】具有100多年种植历史，当地仅有10户种植，濒临消失的危险性极高。建议妥善保存的同时，加强种质鉴定和育种利用。

15 磨盘麻

【学　名】Pedaliaceae（胡麻科）*Sesamum*（胡麻属）*Sesamum indicum*（芝麻）。

【采集地】浙江省衢州市开化县。

【主要特征特性】白芝麻。叶色浅绿，叶片对生，椭圆形，直立，三花，花色白色，蒴果成熟时不开裂；无分枝，主茎始蒴高度40.5cm，主茎果轴长度58.0cm，节间长度22.5cm，有效果节数25.0节，蒴果棱数4棱，蒴果大小1.5cm×1.1cm，单株蒴果数113.0个，每蒴粒数59.5粒，千粒重1.3g，单株种子产量31.6g。当地农民认为该品种用于榨油和制作麻糍，荚量大，荚磨盘状。

【优异特性与利用价值】蒴果密，单株蒴果数多，单株产量高，在芝麻高产育种上有利用价值。

【濒危状况及保护措施建议】具有50多年种植历史，当地仅有30户种植，存在濒临消失的危险性。建议妥善保存的同时，加强种质鉴定和育种利用。

16 开化芝麻

【学　名】Pedaliaceae（胡麻科）*Sesamum*（胡麻属）*Sesamum indicum*（芝麻）。
【采集地】浙江省衢州市开化县。

【主要特征特性】黄芝麻。叶色绿，叶片对生，披针形，向下，单花或三花，花色白色，蒴果成熟时不开裂；有分枝，主茎始蒴高度52.5cm，主茎果轴长度117.5cm，节间长度32.5cm，有效果节数39.5节，蒴果棱数4棱或8棱，蒴果大小2.9cm×2.1cm，单株蒴果数335.0个，每蒴粒数86.0粒，千粒重1.3g，单株种子产量46.2g。当地农民认为该品种品质优、抗病、广适、耐涝、耐贫瘠。

【优异特性与利用价值】蒴果大，单株蒴果数多，千粒重大，产量高，在芝麻高产育种上有利用价值。

【濒危状况及保护措施建议】种植面积较小，存在濒临消失的危险性。建议妥善保存的同时，加强种质鉴定和育种利用。

17 富阳白芝麻

【学　名】Pedaliaceae（胡麻科）*Sesamum*（胡麻属）*Sesamum indicum*（芝麻）。
【采集地】浙江省杭州市富阳区。

【主要特征特性】白芝麻。叶色绿，叶片对生，披针形，向下，单花，花色白色，蒴果成熟时不开裂；有分枝，主茎始蒴高度57.0cm，主茎果轴长度89.0cm，节间长度28.5cm，有效果节数35.0节，蒴果棱数4棱或6棱，蒴果大小2.5cm×1.6cm，单株蒴果数85.0个，每蒴粒数110.0粒，千粒重1.3g，单株种子产量31.2g。当地农民认为该品种品质优，抗逆性强。

【优异特性与利用价值】抗逆性强，可在芝麻抗性育种上加以利用。

【濒危状况及保护措施建议】具有50多年种植历史，当地仅有70户种植，存在濒临消失的危险性。建议妥善保存的同时，加强种质鉴定和育种利用。

18 义乌黑芝麻

【学　名】Pedaliaceae（胡麻科）Sesamum（胡麻属）Sesamum indicum（芝麻）。
【采集地】浙江省金华市义乌市。

【主要特征特性】黑芝麻。叶色绿，叶片对生，披针形，平展，三花，花色白色，蒴果成熟时轻裂；无分枝，主茎始蒴高度19.5cm，主茎果轴长度90.0cm，节间长度31.0cm，有效果节数30.5节，蒴果棱数4棱，蒴果大小2.4cm×1.2cm，单株蒴果数314.0个，每蒴粒数77.0粒，千粒重1.3g，单株种子产量28.3g。油分和蛋白质含量较高，含油量为50.00%～60.00%，蛋白质含量19%～25%，可直接食用或榨油。套种亩产60.0～70.0kg，清种亩产100.0kg左右。当地农民认为该品种花期较长，具有耐瘠、抗旱、矮秆、早熟等特点。不宜在低洼地、盐碱地和排水不良的黏土地种植，清种和套种皆宜，不耐连作。

【优异特性与利用价值】早熟、品质优，在芝麻高产、早熟育种上有利用价值。

【濒危状况及保护措施建议】具有50多年种植历史，当地仅有70户种植，存在濒临消失的危险性。建议妥善保存的同时，加强种质鉴定和育种利用。

19 建德白芝麻

【学　名】Pedaliaceae（胡麻科）Sesamum（胡麻属）Sesamum indicum（芝麻）。

【采集地】浙江省杭州市建德市。

【主要特征特性】白芝麻。叶色绿，叶片对生，披针形，平展，单花，花色白色，蒴果成熟时轻裂；有分枝，主茎始蒴高度55.5cm，主茎果轴长度68.0cm，节间长度30.0cm，有效果节数23.5节，蒴果棱数4棱或6棱，蒴果大小2.2cm×1.2cm，单株蒴果数83.5个，每蒴粒数103.5粒，千粒重1.2g，单株种子产量26.8g。当地农民认为该品种产量低、品质优。

【优异特性与利用价值】抗性较强，每蒴粒数较多，在芝麻抗性育种上有利用价值。

【濒危状况及保护措施建议】具有20多年种植历史，当地仅有25户种植，存在濒临消失的危险性。建议妥善保存的同时，加强种质鉴定和育种利用。

20 临安白芝麻

【学　名】Pedaliaceae（胡麻科）*Sesamum*（胡麻属）*Sesamum indicum*（芝麻）。
【采集地】浙江省杭州市临安区。

【主要特征特性】白芝麻。叶色绿，叶片对生，披针形，平展，三花，花色白色，蒴果成熟时不开裂；有分枝，主茎始蒴高度57.5cm，主茎果轴长度110.5cm，节间长度24.0cm，有效果节数44.0节，蒴果棱数4棱，蒴果大小2.0cm×1.2cm，单株蒴果数140.5个，每蒴粒数76.0粒，千粒重1.3g，单株种子产量33.0g。当地农民认为该品种可自家食用、饲用或药用。

【优异特性与利用价值】主茎果轴长，单株蒴果数较多，千粒重较大，产量较高，在芝麻高产育种上有利用价值。

【濒危状况及保护措施建议】具有60～70年种植历史，仅有四五户种植，大约1亩，存在濒临消失的危险性。建议妥善保存的同时，加强种质鉴定和育种利用。

21 舟山黑芝麻

【学　名】Pedaliaceae（胡麻科）*Sesamum*（胡麻属）*Sesamum indicum*（芝麻）。
【采集地】浙江省舟山市定海区。

【主要特征特性】黑芝麻。叶色绿，叶片对生，柳叶形，直立，三花，花色白色，蒴果成熟时不开裂；有分枝，主茎始蒴高度44.0cm，主茎果轴长度76.5cm，节间长度21.0cm，有效果节数39.0节，蒴果棱数4棱或8棱，蒴果大小3.1cm×0.8cm，单株蒴果数94.5个，每蒴粒数97.0粒，千粒重1.3g，单株种子产量28.8g。

【优异特性与利用价值】蒴果较长，千粒重较大，在芝麻高产育种上有利用价值。

【濒危状况及保护措施建议】具有60多年种植历史，仅有3户种植，大约1亩，存在濒临消失的危险性。建议妥善保存的同时，加强种质鉴定和育种利用。

22 衢江芝麻

【学　名】Pedaliaceae（胡麻科）*Sesamum*（胡麻属）*Sesamum indicum*（芝麻）。

【采集地】浙江省衢州市衢江区。

【主要特征特性】黑芝麻。叶色深绿，叶片对生，柳叶形，平展，三花，花色白色，蒴果成熟时易开裂；有分枝，主茎始蒴高度44.0cm，主茎果轴长度66.5cm，节间长度26.0cm，有效果节数31.0节，蒴果棱数8棱，蒴果大小2.7cm×1.2cm，单株蒴果数98.0个，每蒴粒数131.5粒，千粒重1.2g，单株种子产量31.4g。

【优异特性与利用价值】蒴果大，每蒴粒数较多，在芝麻高产育种上有利用价值。

【濒危状况及保护措施建议】具有50多年种植历史，当地仅有10户种植，存在濒临消失的危险性。建议妥善保存的同时，加强种质鉴定和育种利用。

23 衢江油麻

【学 名】Pedaliaceae（胡麻科）*Sesamum*（胡麻属）*Sesamum indicum*（芝麻）。

【采集地】浙江省衢州市衢江区。

【主要特征特性】黑芝麻。叶色绿，叶片对生，披针形，向下，单花，花色白色，蒴果成熟时轻裂；有分枝，主茎始蒴高度57.5cm，主茎果轴长度82.5cm，节间长度23.5cm，有效果节数23.5节，蒴果棱数4棱，蒴果大小2.2cm×1.8cm，单株蒴果数206.0个，每蒴粒数65.5粒，千粒重1.3g，单株种子产量62.3g。当地农民认为该品种用于制作麻糍。

【优异特性与利用价值】单株蒴果数特多，蒴果粗，千粒重大，产量高，在芝麻高产育种上有利用价值。

【濒危状况及保护措施建议】具有80多年种植历史，当地仅有10户种植，存在濒临消失的危险性。建议妥善保存的同时，加强种质鉴定和育种利用。

24 桐乡黑芝麻-1

【学　名】Pedaliaceae（胡麻科）Sesamum（胡麻属）Sesamum indicum（芝麻）。

【采集地】浙江省嘉兴市桐乡市。

【主要特征特性】黑芝麻。叶色深绿，叶片对生，柳叶形，直立，单花，花色白色，蒴果成熟时不开裂；无分枝，主茎始蒴高度40.0cm，主茎果轴长度78.5cm，节间长度29.5cm，有效果节数28.0节，蒴果棱数6棱或8棱，蒴果大小2.0cm×1.3cm，单株蒴果数101.0个，每蒴粒数126.0粒，千粒重1.2g，单株种子产量31.5g。当地农民认为该品种榨的油香味浓。

【优异特性与利用价值】每蒴粒数多，油品香浓，在芝麻品质育种上有利用价值。

【濒危状况及保护措施建议】具有50多年种植历史，当地仅有30户种植，存在濒临消失的危险性。建议妥善保存的同时，加强种质鉴定和育种利用。

25 桐乡黑芝麻-2

【学 名】Pedaliaceae（胡麻科）Sesamum（胡麻属）Sesamum indicum（芝麻）。
【采集地】浙江省嘉兴市桐乡市。

【主要特征特性】黑芝麻。叶色深绿，叶片对生，柳叶形或披针形，平展，三花，花色白色，蒴果成熟时不开裂；有分枝，主茎始蒴高度55.0cm，主茎果轴长度69.0cm，节间长度25.5cm，有效果节数29.5节，蒴果棱数4棱或8棱，蒴果大小2.1cm×1.1cm，单株蒴果数59.0个，每蒴粒数88.0粒，千粒重1.4g，单株种子产量23.0g。当地农民认为该品种压榨的芝麻油香味好，抗旱性好，耐贫瘠。

【优异特性与利用价值】抗性好，在芝麻抗性育种上有利用价值。

【濒危状况及保护措施建议】具有40年的种植历史，当地仅有40户种植，约10亩，存在濒临消失的危险性。建议妥善保存的同时，加强种质鉴定和育种利用。

26 龙游土白芝麻

【学　名】Pedaliaceae（胡麻科）Sesamum（胡麻属）Sesamum indicum（芝麻）。
【采集地】浙江省衢州市龙游县。

【主要特征特性】白芝麻。叶色深绿，叶片对生，柳叶形，直立，三花，花色白色，蒴果成熟时轻裂；无分枝，主茎始蒴高度43.5cm，主茎果轴长度92.0cm，节间长度29.0cm，有效果节数33.4节，蒴果棱数4棱，蒴果大小2.0cm×1.2cm，单株蒴果数158.0个，每蒴粒数63.5粒，千粒重1.4g，单株种子产量61.8g。当地农民认为该品种一年可种两季，每季产量较低，香味浓郁。

【优异特性与利用价值】单株蒴果数较多，千粒重大，产量较低，种皮乳白色，在芝麻高产育种上有利用价值。

【濒危状况及保护措施建议】种植面积很小，存在濒临消失的危险性。建议妥善保存的同时，加强种质鉴定和育种利用。

27 对对麻

【学　名】Pedaliaceae（胡麻科）*Sesamum*（胡麻属）*Sesamum indicum*（芝麻）。
【采集地】浙江省衢州市开化县。

【主要特征特性】白芝麻。叶色绿，叶片对生，披针形，平展，单花或三花，花色白色，蒴果成熟时不开裂；无分枝，主茎始蒴高度69.5cm，主茎果轴长度82.5cm，节间长度23.0cm，有效果节数31.5节，蒴果棱数4棱，蒴果大小1.8cm×0.4cm，单株蒴果数143.0个，每蒴粒数63.0粒，千粒重1.2g，单株种子产量36.6g。当地农民认为该品种出油率高达60%，平均亩产100.0kg。

【优异特性与利用价值】产量高，出油率高，在芝麻高产、高油育种上有利用价值。

【濒危状况及保护措施建议】具有50多年种植历史，当地仅有70户种植，存在濒临消失的危险性。建议妥善保存的同时，加强种质鉴定和育种利用。

28 奉化黑芝麻

【学 名】Pedaliaceae（胡麻科）*Sesamum*（胡麻属）*Sesamum indicum*（芝麻）。

【采集地】浙江省宁波市奉化区。

【主要特征特性】黑芝麻。叶色绿，叶片对生，披针形，平展，单花或三花，花色白色，蒴果成熟时不开裂；无分枝，主茎始蒴高度61.0cm，主茎果轴长度90.0cm，节间长度24.5cm，有效果节数35.0节，蒴果棱数4棱，蒴果大小2.2cm×1.1cm，单株蒴果数108.0个，每蒴粒数86.0粒，千粒重1.2g，单株种子产量33.6g。当地农民认为该品种品质优，抗病、抗虫、抗旱，用作馅、调料、面饭团的点饰。

【优异特性与利用价值】产量较高，抗性好，在芝麻高产育种上有利用价值。

【濒危状况及保护措施建议】具有60多年种植历史，当地仅有100户种植，存在濒临消失的危险性。建议妥善保存的同时，加强种质鉴定和育种利用。

29 景宁黑芝麻

【学 名】Pedaliaceae（胡麻科）*Sesamum*（胡麻属）*Sesamum indicum*（芝麻）。

【采集地】浙江省丽水市景宁县。

【主要特征特性】黑芝麻。叶色绿，叶片对生或混生，柳叶形或披针形，平展，三花，花色白色，蒴果成熟时轻裂；无分枝，主茎始蒴高度35.5cm，主茎果轴长度58.5cm，节间长度25.5cm，有效果节数34.0节，蒴果棱数8棱，蒴果大小2.6cm×1.1cm，单株蒴果数130.0个，每蒴粒数123.5粒，千粒重0.9g，单株种子产量39.8g。

【优异特性与利用价值】单株蒴果数多，每蒴粒数多，单株产量高，在芝麻高产育种上有利用价值。

【濒危状况及保护措施建议】具有40多年种植历史，当地仅有8户种植，存在濒临消失的危险性。建议妥善保存的同时，加强种质鉴定和育种利用。

30 诸暨黑芝麻

【学　名】Pedaliaceae（胡麻科）*Sesamum*（胡麻属）*Sesamum indicum*（芝麻）。
【采集地】浙江省绍兴市诸暨市。

【主要特征特性】黑芝麻。叶色绿，叶片对生，披针形，平展，单花或三花，花色白色，蒴果成熟时不开裂；无分枝，主茎始蒴高度48.5cm，主茎果轴长度69.5cm，节间长度31.5cm，有效果节数20.0节，蒴果棱数4棱，蒴果大小2.5cm×1.8cm，单株蒴果数93.0个，每蒴粒数69.5粒，千粒重1.2g，单株种子产量25.8g。当地农民认为该品种已种植100年，可做清明果、芝麻片。把芝麻磨成粉，可作为炒年糕的配料。

【优异特性与利用价值】蒴果较大，品质好，在芝麻品质育种上有利用价值。

【濒危状况及保护措施建议】具有100多年种植历史，当地种植面积小，存在濒临消失的危险性。建议妥善保存的同时，加强种质鉴定和育种利用。

31 奉化本地黑芝麻

【学 名】Pedaliaceae（胡麻科）*Sesamum*（胡麻属）*Sesamum indicum*（芝麻）。
【采集地】浙江省宁波市奉化区。

【主要特征特性】黑芝麻。叶色绿，叶片对生，披针形，平展，单花，花色白色，蒴果成熟时轻裂；无分枝，主茎始蒴高度59.0cm，主茎果轴长度73.0cm，节间长度25.0cm，有效果节数35.5节，蒴果棱数4棱或8棱，蒴果大小2.2cm×1.1cm，单株蒴果数115.0个，每蒴粒数157.5粒，千粒重1.1g，单株种子产量38.3g。

【优异特性与利用价值】每蒴粒数多，蒴果较大，在芝麻高产育种上有利用价值。

【濒危状况及保护措施建议】种植户数较少，种植面积小，存在濒临消失的危险性。建议妥善保存的同时，加强种质鉴定和育种利用。

32 嘉善黑芝麻

【学　名】Pedaliaceae（胡麻科）*Sesamum*（胡麻属）*Sesamum indicum*（芝麻）。
【采集地】浙江省嘉兴市嘉善县。

【主要特征特性】黑芝麻。叶色深绿，叶片对生，披针形，直立，单花，花色白色，蒴果成熟时不开裂；有分枝，主茎始蒴高度47.5cm，主茎果轴长度77.0cm，节间长度26.0cm，有效果节数28.5节，蒴果棱数8棱，蒴果大小1.7cm×1.2cm，单株蒴果数67.0个，每蒴粒数141.0粒，千粒重1.4g，单株种子产量33.3g。

【优异特性与利用价值】每蒴粒数多，千粒重较大，在芝麻高产育种上有利用价值。

【濒危状况及保护措施建议】具有30年的种植历史，当地仅有10户种植，2亩左右，存在濒临消失的危险性。建议妥善保存的同时，加强种质鉴定和育种利用。

33 嘉善白芝麻

【学　名】Pedaliaceae（胡麻科）*Sesamum*（胡麻属）*Sesamum indicum*（芝麻）。

【采集地】浙江省嘉兴市嘉善县。

【主要特征特性】白芝麻。叶色绿，叶片对生，披针形，平展，单花或三花，花色白色，蒴果成熟时不开裂；无分枝，主茎始蒴高度39.5cm，主茎果轴长度62.5cm，节间长度22.5cm，有效果节数25.0节，蒴果棱数4棱或8棱，蒴果大小1.4cm×1.2cm，单株蒴果数90.0个，每蒴粒数68.0粒，千粒重1.3g，单株种子产量24.5g。

【优异特性与利用价值】单株蒴果数较多，在芝麻高产育种上有利用价值

【濒危状况及保护措施建议】具有30年的种植历史，当地仅有10户种植，2亩左右，存在濒临消失的危险性。建议妥善保存的同时，加强种质鉴定和育种利用。

34 龙游土黑芝麻

【学　名】Pedaliaceae（胡麻科）*Sesamum*（胡麻属）*Sesamum indicum*（芝麻）。
【采集地】浙江省衢州市龙游县。

【主要特征特性】黑芝麻。叶色绿，叶片对生，披针形，直立或平展，三花，花色粉红或浅紫色，蒴果成熟时轻裂；无分枝，主茎始蒴高度61.0cm，主茎果轴长度90.5cm，节间长度24.0cm，有效果节数27.0节，蒴果棱数4棱，蒴果大小2.5cm×1.4cm，单株蒴果数103.0个，每蒴粒数71.5粒，千粒重1.3g，单株种子产量30.8g。当地农民认为该品种一年可种两季，每季产量较低，但其所榨的油香味浓郁。

【优异特性与利用价值】蒴果较大，千粒重大，在芝麻高产育种上有利用价值。

【濒危状况及保护措施建议】种植面积很小，存在濒临消失的危险性。建议妥善保存的同时，加强种质鉴定和育种利用。

35 诸暨白芝麻

【学　名】Pedaliaceae（胡麻科）*Sesamum*（胡麻属）*Sesamum indicum*（芝麻）。

【采集地】浙江省绍兴市诸暨市。

【主要特征特性】白芝麻。叶色深绿，叶片对生，披针形或心形，平展，三花，花色白色，蒴果成熟时不开裂；有分枝，主茎始蒴高度46.5cm，主茎果轴长度90.5cm，节间长度32.5cm，有效果节数28.5节，蒴果棱数4棱，蒴果大小2.2cm×1.2cm，单株蒴果数131.5个，每蒴粒数77.5粒，千粒重1.6g，单株种子产量47.6g。当地农民认为该品种的叶、根、种子均可食用，可用于炒着吃、泡饭、做团子、做饼等。

【优异特性与利用价值】千粒重大，单株蒴果数多，产量较高，在芝麻高产育种上有利用价值。

【濒危状况及保护措施建议】具有70多年种植历史，在当地零星种植，存在濒临消失的危险性。建议妥善保存的同时，加强种质鉴定和育种利用。

36 磐安土芝麻

【学　名】Pedaliaceae（胡麻科）*Sesamum*（胡麻属）*Sesamum indicum*（芝麻）。
【采集地】浙江省金华市磐安县。

【主要特征特性】黑芝麻。叶色浅绿，叶片对生，披针形，平展，单花，花色白色，蒴果成熟时不开裂；有分枝，主茎始蒴高度61.5cm，主茎果轴长度71.0cm，节间长度26.5cm，有效果节数20.5节，蒴果棱数4棱或6棱，蒴果大小1.9cm×1.3cm，单株蒴果数66.0个，每蒴粒数109.0粒，千粒重1.1g，单株种子产量32.0g。

【优异特性与利用价值】每蒴粒数较多，抗性较强，在芝麻抗性育种上有利用价值。

【濒危状况及保护措施建议】产量低，在当地零星种植，存在濒临消失的危险性。建议妥善保存的同时，加强种质鉴定和育种利用。

37 瑞安芝麻

【学 名】Pedaliaceae（胡麻科）Sesamum（胡麻属）Sesamum indicum（芝麻）。

【采集地】浙江省温州市瑞安市。

【主要特征特性】黑芝麻。叶色深绿，叶片对生，柳叶形，直立，单花，花色白色，蒴果成熟时不开裂；有分枝，主茎始蒴高度74.5cm，主茎果轴长度85.0cm，节间长度43.0cm，有效果节数24.5节，蒴果棱数4棱，蒴果大小1.6cm×1.4cm，单株蒴果数43.5个，每蒴粒数70.0粒，千粒重1.3g，单株种子产量16.0g。

【优异特性与利用价值】抗性较好，蒴果较大，在芝麻抗性育种上有利用价值。

【濒危状况及保护措施建议】具有60多年种植历史，当地仅有10户种植，存在濒临消失的危险性。建议妥善保存的同时，加强种质鉴定和育种利用。

38 舟山芝麻

【学　名】Pedaliaceae（胡麻科）*Sesamum*（胡麻属）*Sesamum indicum*（芝麻）。
【采集地】浙江省舟山市定海区。

【主要特征特性】黑芝麻。叶色绿，叶片对生，披针形，平展，单花，花色白色，蒴果成熟时不开裂；有的无分枝，有的有分枝，主茎始蒴高度63.5cm，主茎果轴长度90.5cm，节间长度23.5cm，有效果节数39.5节，蒴果棱数4棱或8棱，蒴果大小1.4cm×1.2cm，单株蒴果数101.5个，每蒴粒数150.0粒，千粒重1.5g，单株种子产量61.5g。

【优异特性与利用价值】单株蒴果数多，每蒴粒数多，千粒重大，单株产量高，在芝麻高产育种上有利用价值。

【濒危状况及保护措施建议】具有50多年种植历史，当地仅有10户种植，存在濒临消失的危险性。建议妥善保存的同时，加强种质鉴定和育种利用。

第 六 章

浙江省蓖麻种质资源

蓖麻（*Ricinus communis*）是大戟科（Euphorbiaceae）蓖麻属（*Ricinus*）一年生草本或多年生草本植物，别名红麻子、大麻、牛蓖等，茎、小枝、叶和花序常被白霜。蓖麻油是一种重要的工业用油，广泛用于润滑剂、化妆品、油漆、涂料等领域。但是蓖麻种子含有蓖麻毒蛋白和蓖麻碱，误食过量会导致中毒死亡。蓖麻适应范围广、耐旱、耐贫瘠，在我国大部分地区如海南到东北都有种植。

本书收录的蓖麻种质资源4份，分别采集建德、诸暨、磐安和义乌4个县（市）。蓖麻的田间鉴定于2019～2020年在浙江省农业科学院杭州试验基地进行，参照《蓖麻种质资源描述规范和数据标准》进行评价，主要调查了株高、茎粗、主茎分枝数、花序类型、雄蕊色、花柱色、花期、果穗形状、果穗长度、蒴果形状、果皮具刺性状、蒴果开裂性、百粒重、种子长度、种子宽度、种皮色等性状。

本章介绍的4份蓖麻种质资源信息中【主要特征特性】所列农艺性状数据为2019～2020年田间鉴定数据的平均值。

1 建德蓖麻

【学　名】Euphorbiaceae（大戟科）*Ricinus*（蓖麻属）*Ricinus communis*（蓖麻）。
【采集地】浙江省杭州市建德市。

【主要特征特性】粗壮草本灌木，直立生长，茎、小枝、叶和花序通常被白霜。播种时间4月15日，7月至12月下霜为果穗成熟期。株高240.0cm，茎粗36.99mm，茎淡绿色，主茎分枝数4.0个。两单叶互生，叶片盾状圆形。叶轮廓近圆形，掌状7～11裂。总状花序或圆锥花序，雄花花萼裂片卵状三角形，雄蕊束众多，黄色，雌花萼片卵状披针形，花柱红色，花期从6月中旬初花至下霜，几乎全年。单株有效果穗29.0个，果穗长28.2cm，蒴果近球形，果皮具软刺，蒴果开裂。种子长10.30mm，宽6.55mm，种子长卵圆形、微扁平、滑，斑纹淡褐色，种阜大，百粒重17.5g。当地农民认为该品种耐贫瘠，自家食用或市场出售，饲料用，药用。

【优异特性与利用价值】蒴果开裂，百粒重17.5g。蓖麻油是重要的工业用油，饼粉可以作有机肥料，也可作育种材料。

【濒危状况及保护措施建议】建议扩大种植面积，种质异地保存。

2 野蓖麻

【学　名】Euphorbiaceae（大戟科）*Ricinus*（蓖麻属）*Ricinus communis*（蓖麻）。
【采集地】浙江省金华市磐安县。

【主要特征特性】粗壮草本灌木，直立生长，茎、小枝、叶和花序通常被白霜。播种时间4月15日，7月至12月下霜为果穗成熟期。株高211.0cm，茎粗25.10mm，茎淡绿色，主茎分枝数9.7个。两单叶互生，叶片盾状圆形。叶轮廓近圆形，掌状7～11裂。总状花序或圆锥花序，雄花花萼裂片卵状三角形，雄蕊束众多，黄色，雌花萼片卵状披针形，花柱红色，花期从6月中旬初花至下霜，几乎全年。单株有效果穗102.0个，果穗柱形或纺锤形，幼果绿色，果穗长33.7cm，蒴果近球形，果皮具软刺，蒴果开裂性弱。种子长9.40mm，宽6.02mm，种子长卵圆形、微扁平、滑，斑纹淡褐色或灰白色，种阜大，百粒重13.0g。

【优异特性与利用价值】蒴果开裂性弱，难剥壳，百粒重13.0g。蓖麻油是重要的工业用油，饼粉可以作有机肥料，也可作育种材料。

【濒危状况及保护措施建议】建议扩大种植面积，种质异地保存。

3 野生蓖麻

【学　名】Euphorbiaceae（大戟科）Ricinus（蓖麻属）Ricinus communis（蓖麻）。

【采集地】浙江省绍兴市诸暨市。

【主要特征特性】粗壮草本灌木，直立生长，茎、小枝、叶和花序通常被白霜。播种时间 4 月 15 日，7 月至 12 月下霜为果穗成熟期。株高 160.0cm，茎粗 25.10mm，茎绿色，主茎分枝数 3.0 个。两单叶互生，叶片盾状圆形。叶轮廓近圆形，掌状 7～11 裂。总状花序或圆锥花序，雄花花萼裂片卵状三角形，雄蕊束众多，黄色，雌花萼片卵状披针形，花柱红色，花期从 6 月中旬初花至下霜，几乎全年。单株有效果穗 39.0 个，果穗塔形或纺锤形，幼果深绿色，果穗长 31.2cm，蒴果近球形，果皮具软刺，蒴果开裂性弱。种子长 9.91mm，宽 6.18mm，种子长卵圆形、微扁平、滑、斑纹褐色，种阜大，百粒重 15.3g。当地农民认为该品种抗病、耐贫瘠、适宜性广，用于榨油。

【优异特性与利用价值】蒴果开裂性弱，难剥壳，百粒重 15.3g。蓖麻油是重要的工业用油，饼粉可以作有机肥料，也可作育种材料。

【濒危状况及保护措施建议】建议扩大种植面积，种质异地保存。

4 义乌蓖麻

【学　名】Euphorbiaceae（大戟科）*Ricinus*（蓖麻属）*Ricinus communis*（蓖麻）。
【采集地】浙江省金华市义乌市。

【主要特征特性】粗壮草本灌木，直立生长，茎、小枝、叶和花序通常被白霜。播种时间4月15日，7月至12月下霜为果穗成熟期。株高223.0cm，茎粗23.41mm，茎绿色，主茎分枝数6.0个。两单叶互生，叶片盾状圆形。叶轮廓近圆形，掌状7～11裂。总状花序或圆锥花序，雄花花萼裂片卵状三角形，雄蕊束众多，黄色，雌花萼片卵状披针形，花柱红色，花期从6月中旬初花至下霜，几乎全年。单株有效果穗71.0个，果穗塔形或纺锤形，幼果绿色，果穗长28.3cm，蒴果近球形，果皮具软刺，蒴果开裂，成熟时蒴果自动裂开，种子脱落。种子长10.68mm，宽6.63mm，种子长卵圆形、微扁平、滑、灰花色，种阜大，百粒重17.7g。种植农户认为该资源抗病、抗虫、抗旱、广适、耐热、耐贫瘠，可作美容护肤品原料及药用，主要用于催产、润肠、拔刺。

【优异特性与利用价值】蒴果开裂，较早开花，较早成熟，百粒重17.7g。蓖麻油是重要的工业用油，饼粉可以作有机肥料，刺扎肉里后，用于拔刺，还可催产、润肠，也可作育种材料。

【濒危状况及保护措施建议】建议扩大种植面积，种质异地保存。

参 考 文 献

白冬梅, 王国桐, 薛云云, 等. 2014. 山西省地方花生种质资源品质性状的综合评价. 中国农学通报, 30(24): 187-193.

崔顺立, 孟硕, 何美敬, 等. 2017. 美国花生微核心种质资源纯化系的引进与表型评价. 植物遗传资源学报, 18(3): 381-389.

邓国富, 李丹婷, 夏秀忠, 等. 2020. 广西农作物种质资源·水稻卷. 北京: 科学出版社.

范永强. 2014. 现代中国花生栽培. 济南: 山东科学技术出版社.

姜慧芳, 任小平, 陈玉宁, 等. 2011. 中国花生地方品种与育成品种的遗传多样性. 西北植物学报, 31(8): 1551-1559.

林世成, 闵绍楷. 1991. 中国水稻品种及其系谱. 上海: 上海科学技术出版社.

刘后利. 1987. 实用油菜栽培学. 上海: 上海科学技术出版社.

罗利军, 应存山, 汤圣祥. 2002. 稻种资源学. 武汉: 湖北科学技术出版社.

孙东雷, 卞能飞, 陈志德, 等. 2018. 花生种质资源表型性状的综合评价及指标筛选. 植物遗传资源学报, 19(5): 865-874.

万建民. 2010. 中国水稻遗传育种与品种系谱. 北京: 中国农业出版社.

万书波, 王才斌, 李春娟, 等. 2008. 花生品种改良与高产优质栽培. 北京: 中国农业出版社.

汪清, 姜涛, 王嵩, 等. 2017. 花生种质资源在江淮区域农艺性状的评价研究. 中国农学通报, 33(32): 9-14.

魏兴华, 张小明. 2018. 中国水稻品种志: 浙江上海卷. 北京: 中国农业出版社.

伍晓明, 陈碧云. 2018. 中国油菜品种资源目录 (续编三). 北京: 中国农业科学技术出版社.

应存山. 1993. 中国稻种资源. 北京: 中国农业科学技术出版社.

禹山林. 2008. 中国花生品种及其系谱. 上海: 上海科学技术出版社.

张丽华, 应存山. 1993. 浙江稻种资源图志. 杭州: 浙江科学技术出版社.

张秀荣, 冯祥运. 2006. 芝麻种质资源描述规范和数据标准. 北京: 中国农业出版社.

中国农业科学院油料作物研究所. 1987. 中国芝麻品种志. 北京: 农业出版社.

中国农业科学院油料作物研究所. 1988. 中国油菜品种志. 北京: 农业出版社.

中国农业科学院油料作物研究所. 1992. 中国芝麻品种资源目录 (续编一). 北京: 中国农业科学技术出版社.

中国农业科学院油料作物研究所. 1993. 中国油菜品种资源目录 (续编一). 北京: 中国农业出版社.

中国农业科学院油料作物研究所. 1997. 中国油菜品种资源目录 (续编二). 北京: 中国农业出版社.

中国农业科学院油料作物研究所. 1997. 中国芝麻品种资源目录 (续编二). 北京: 中国农业科学技术出版社.

索　引